航空与人为因素
——设计过程中如何考虑人为因素

Aviation and Human Factors
How to Incorporate Human Factors into the Field

［西］何塞·桑切斯·阿拉科斯（José Sánchez-Alarcos）著

程普强 主译

王玉成 潘 睿 谢文娇 副主译

航空工业出版社

北京

内容提要

本书论述了制造商、监管机构和运营商对航空安全的影响，提出了界定人与技术界限的重要性，并指出了人工智能发展给人为因素研究带来的多种挑战。本书共分为8章，分别论述了商用航空的主要特点、航空事件分析流程、人与技术在航空业中的角色演进、人作为可替代资源的可行性、航空安全的主要影响因素、航空组织发展模型、人为因素对航空安全的重要影响以及未来航空的发展趋势。

本书内容丰富，视角新颖，可供航空公司的管理人员、飞行员、维护人员、安全专家，以及从事飞机设计的研究人员和广大航空爱好者阅读参考。

图书在版编目（CIP）数据

航空与人为因素：设计过程中如何考虑人为因素 /（西）何塞·桑切斯·阿拉科斯著；程普强等译. -- 北京：航空工业出版社，2024.6

（飞机设计技术丛书）

书名原文：Aviation and Human Factors：How to Incorporate Human Factors into the Field

ISBN 978-7-5165-3641-4

Ⅰ. ①航… Ⅱ. ①何… ②程… Ⅲ. ①航空安全－人为因素－研究 Ⅳ. ①V328

中国国家版本馆CIP数据核字（2024）第025038号

航空与人为因素——设计过程中如何考虑人为因素

Hangkong yu Renwei Yinsu——Sheji Guochengzhong Ruhe Kaolü Renwei Yinsu

---

航空工业出版社出版发行

（北京市朝阳区京顺路5号曙光大厦C座四层　100028）

发行部电话：010-85672666　010-85672683

北京富泰印刷有限责任公司印刷　　全国各地新华书店经售

2024年6月第1版　　2024年6月第1次印刷

开本：787×1092　1/16　　字数：194千字

印张：10　　定价：98.00元

北京市版权局著作权合同登记
图字：01–2023–6119

Published 2020 by CRC Press
© 2020 by José Sánchez–Alarcos
CRC Press is an imprint of Taylor & Francis Group, an Informa business.

Authorized translation from English language edition published by CRC Press, part of Taylor & Francis Group LLC；All Rights Reserved.
本书原版由 Taylor & Francis 出版集团旗下 CRC 出版公司出版，并经其授权翻译出版。版权所有，侵权必究。

China Aviation Publishing & Media Co. , Ltd.（Aviation Industry Press）is authorized to publish and distribute exclusively the Chinese（Simplified Characters）language edition. This edition is authorized for sale throughout Mainland of China. No part of the publication may be reproduced or distributed by any means, or stored in a database or retrieval system, without the prior written permission of the publisher.
本书中文简体翻译版授权由中航出版传媒有限责任公司（航空工业出版社）独家出版并仅限在中国大陆地区销售，未经出版者书面许可，不得以任何方式复制或发行本书的任何部分。

Copies of this book sold without a Taylor & Francis sticker on the cover are unauthorized and illegal.
本书贴有 Taylor & Francis 公司防伪标签，无标签者不得销售

译校人员

主　译：程普强

副主译：王玉成　潘　睿　谢文娇

译　校：陈　卓　张　伟　苗红科　许云峰　王亚芳
秦五诗　肖允庚　黄子洵　张巍巍　施　维
黄宝香　马　瑾　矣艳梅

译 者 序

人类在认识世界、改造世界的漫长历史进程中，逐步积累了丰厚的文化资产，形成了门类繁多的科学体系，建立了持续完善的技术范畴。人作为最活跃的生产要素，既是科学技术的创造者，也是科学技术的应用者。人与科学技术的相互作用，推进了科学技术的持续发展，但是，历史的经验也充分表明，囿于认识的局限性，人类推动科学技术的发展过程并不是一蹴而就的。“航空”从最初人们为了探险而进行的简单实验活动，逐步发展为一个相对完善的科学体系；“航空”作为工业体系的重要组成部分，创造出了各种方便快捷的航空产品；“航空”也是经济和军事能力的重要支撑，成为一个国家实力的体现。航空产品从设计制造、认证监管到使用维护等的每个环节，无不充满着“人”的因素。为了保证与“航空”有关的技术、产品、活动的健康持续稳定发展，必然要重视人为因素在各个环节中的影响与作用。

对人为因素的考虑最早体现在人机工效学中，人机工效学的研究目的就是让操作者以最方便的方式去完成正确的操作。在后来形成的人类工程学中，人为因素是从“人－机－环境”的系统观点出发，研究人在其中的影响和作用。在航空技术发展的初期，飞机设备可靠性差、工作失效等技术问题曾一度是引起飞行事故的主要原因。随着航空技术的发展，飞机机载设备的功能不断完善，可靠性也不断提高，因飞机设备故障或失效引起的飞行事故大大减少，人为因素成为了引起飞行事故的主要原因，引起了航空领域的关注和持续研究。人为因素的研究成果和各种模型在事故分析中发挥了重要作用。在飞机自动化程度不断提高、人工智能的应用已经崭露头角的当今世界，技术的发展对人为因素的研究提出了新的挑战。

现代军、民用飞机已经大量使用了各种自动化技术，如自动驾驶技术、自动着陆技术等。这些技术的应用一方面方便了飞行员的操作，提高了飞行效率；另一方面增加了飞行员对自动系统的依赖。在一定程度上，飞机成为了一个“黑盒子”，飞行员只需要启动系统，系统就能自动完成一系列操作。但是，系统必然存在出现故障的可能性，在系统出现故障的情况下，飞行员实施干预的权限有多大、干预的后果如何，都是需要仔细权衡和认真分析的问题。特别是进入21世纪的第二个10年以后，人工智能技术飞速发展，在飞机上的应用已经成为必然。赋予人工智能多大的权限，既是一个技术问题，也是一个伦理问题。人工智能的应用对人为因素研究提出了新的课题，那就是如何更加合理、更加明确地划分人与技术的界限，使人工智能的应用既能提高航空系统的操作效率，又能保证航空系统的运行安全。

航空工业第一飞机设计研究院（简称航空工业一飞院）主要承担大中型军、民用飞机的设计工作，是运20和空警2000的总设计师单位。大中型飞机以其高价值、多乘员的特点，在经济和军事活动中扮演着重要的角色。在长期的飞机设计实践中，航空工业一飞院从分析航空事故、总结设计经验和采用先进理念、贯彻适航条例两个方面，致力于从设计伊始保证设计方案的科学合理，并在设计过程中充分考虑包括人为因素在内的多重因素。近几年来，航空工业一飞院陆续翻译出版了《飞机安全——事故调查、分析和应用》《空难调查》等书籍，分析以往发生的重大航空事故及其事故的原因，总结人为因素在其中的影响。在运20等飞机的设计过程中，航空工业一飞院按照《中国民用航空规章》第25部（CCAR-25）的要求开展设计，从设计理念、设计方案到逐级开展适航验证，直至最终保证飞机产品符合适航条款。

《航空与人为因素》论述了制造商、监管机构和运营商对航空安全的影响，提出了界定人与技术的界限的重要性，也指出了人工智能的发展给人为因素研究带来的新挑战。通过翻译出版这本书，希望国内的飞机设计制造、认证监管和使用维护单位能够学习借鉴国外的研究成果，同时也希望能够将人为因素的研究成果扩大运用到飞机设计过程之中，通过约束消极的人为因素的影响，提高飞机设计效率。本书共分8章，从不同的角度对人为因素对航空安全的影响进行了论述。

第1章概述了商业航空的主要特点。商业航空属于高风险领域，安全运营受到诸多因素的影响，除了技术因素之外，还要受到管理水平、社会因素，以及人为因素的影响。在追求效率的过程中，人们可能会对技术和管理问题进行一定的妥协。但与此同时，商业航空也在不断总结经验，通过学习，促使系统的进化。为了在提高商业航空效率的同时保证飞行安全，需要把运营商、监管者和制造商看作一个完整的系统，并重点考虑人在其中发挥的重要作用。

第 2 章介绍了如何对事件进行分析，主要包括事件分析的潜力和事件分析流程、事件学习的周期和事件学习周期的局限性。事件分析流程分为收集信息和事实、打破因果关系链，以及确定对事故负法律责任的责任方。基于事件学习的周期研究事件学习周期的不同阶段，可以定义为事件信息的不同阶段：信息收集阶段，基于安装的记录仪器或者相关人员进行信息收集；信息发布阶段，将相关信息发送给对事件原因感兴趣的行为者（事件的承受者）；信息使用阶段，形成旨在避免发生类似事件的决策。基于事件学习周期的局限性，研究了不同主导逻辑下的心智模型对事件学习的限制。基于事件驱动的组织学习能提高航空安全，因此事件分析是一种提高航空安全的工具。

第 3 章主要讨论了人和技术在航空业中的角色变化，以及这种变化可能造成的不良影响。人在系统中有两种角色：正常操作执行任务以及飞机异常情况下的替代资源。关于人的正常操作角色，书中列举许多案例说明现代飞机的高度自动化弱化了飞行员的正常手动操作，并使飞行员欠缺态势感知能力，随之在飞机出现故障时不知如何应对或错误操作，导致事故发生。关于人的异常情况替代角色，书中也列举了许多案例说明飞机发生故障时飞行员利用自身技术和知识避免了事故发生。最后总结出人的作用不可或缺，并讲述了将人保持在系统回路中的一些设计方法。

第 4 章主要讨论了人作为可替代资源的可行性。强调了航空安全水平的提高不应仅仅归功于技术，还应归功于航空安全是一个由人与技术共同组成的系统工程。提高航空安全水平，需要解决的首要问题就是技术与人的正确角色。随着自动化技术的广泛应用，导致了人被替代效应的出现，然而引入复杂的自动化系统，可能会导致新的失误模式的出现，从而引发严重的航空安全事故，对航空安全造成负面影响。因此，在采用自动化技术时，需要首先对由人可执行的任务及其原因进行定义。但随着重大技术的一次又一次突破，许多由人可执行的任务也实现了自动化，由人可执行的任务一次又一次地被重新定义，但仍然需要在系统设计阶段对由人可执行的任务进行明确的定义。

第 5 章主要从制造商、监管机构和运营商三个角度讲述了其对航空安全的影响，以及它们之间的相互作用。在飞机制造商试图使自己的产品进入全球市场时，需要经过世界上两个主要监管机构——美国联邦航空局（FAA）与欧洲航空安全局（EASA）的适航认证。目前，全球主要的两大飞机制造商波音公司、空客公司已经分别与 FAA、EASA 建立了良好的互信关系，有利于其飞机的适航认证，但同时也减缓了其新产品的更新进程。运营商需要购买价格、运营成本和使用维护成本低的飞机，并向用户灌输“如果飞机能飞，那么飞行就是安全的”思想，以追求高效益，但往往将航空安全排除在竞争因素之外，并降低了对航空安全培训的重视程度。

第 6 章讲述了 19 世纪航空先驱不断从失败中吸取教训，航空业由此得到发展；到第一次世界大战（简称一战）航空的军事价值推动其技术发展；再到第二次世界大战（简称二战）不仅促进技术发展还急需优秀且熟练的机组人员，由此逐步形成组织学习；最后随着自动化和信息技术发展，机组人员缺乏对技术原理的理解会引发新型事故。本章还讲述了培训组织模型分为情报机构和突击队两种类型。一个类型是每个人只收到具体任务所需的信息；另一个类型是每个人尽可能地全面了解整个项目的信息。

第 7 章主要讨论了未来改善航空安全应考虑人为因素，充分发挥人的价值，在技术、程序、培训和管理等方面提高效率。在需要快速和正确答案的环境中，智能系统设计应当生产可以让操作员理解的软件，而这需要系统的设计和操作员的努力。在开放环境、高风险活动和时间有限的操作中需要人，因此在系统设计和操作时需要把人留在系统回路内，而不是把乘客的生命托付给那些能够执行预定任务但在不可预见的情况下会受阻或发生行为失常的系统。高效的组织和增加培训可以提高效率。

第 8 章对全书内容进行了总结。出于发展和提高效率的需要，航空业呈现出尽可能减少人为因素作用的趋势。然而，这一趋势和改善航空安全背道而驰。特别是人工智能等信息技术发展给以高度专业化和高风险活动为特征的航空业带来复杂应用场景和混乱现象。为应对挑战，应充分考虑人为因素对航空业的影响，充分认识到人能够对环境提出质疑并产生创造性的解决方案。在系统设计中将人纳入到系统回路，生产可供操作员理解的软件，根据培训对象特点，采用各自所能理解的方式进行相关知识培训和引导。

人为因素的研究涉及多种学科，包括行为科学、社会科学、工程学、心理学等，人为因素的具体体现也是多方面的。所以，人为因素研究成果的应用也是一个复杂的过程，本身也会受到人为因素的影响。飞机的设计制造、适航审定、运营维护、事件调查等活动中都存在人为因素的直接或间接的影响，《航空与人为因素》的理念和思想很值得国内从事适航管理、飞机设计、制造与维护的人员，以及民航管理、飞行和培训人员学习借鉴。通过理解和掌握航空人为因素研究的最新成果，可以进一步明确航空产品和服务过程中，人的状况及与人有关的各种因素对航空产品和服务过程的影响，有利于建立人与软件、人与硬件、人与环境和人与人之间的最佳匹配。

尽管我们由衷地希望能为读者提供一份内容精准、可读性强的读物，但囿于译者对原文的理解和相关领域的知识积累，译文可能没有达到十分完美的状态。希望读者能够谅解文中可能存在的瑕疵，汲取译文的思想内容，在飞机的设计制造、认证监管和使用维护过程中尽量发挥积极的人为因素，最大程度地限制消极的人为因素，从根本上提高飞机设计的水平和飞行活动的安全。

人为因素是航空产品工业设计最重要的分支，与飞机驾驶舱布置、显控、操纵、告警、内饰等专业密切相关。航空工业第一飞机设计研究院国家级工业设计中心致力于推动人为因素相关理论与技术在飞机设计过程中得到应用，对本译著的翻译和编校给予了大力支持和帮助，在此谨表谢忱！

主译　[signature]

原版前言

本书讲述了航空安全领域的故事，是2007年出版的《通过组织学习提高航空安全》的第2版。虽已对内容予以更新，但自第1版问世以来，航空界发生了许多重大事件。一次更新无法涵盖这些事件，也不足以反映新的问题和新的解决方案。

从某种程度上讲，本书第1版预见了技术型组织演变的潜在风险，而忽略了其他方面。2007年书中所提及的事件，在几个月后真实发生了。

通常情况下，自动装置在操作者不知情的情况下采取默认操作，在面对不可预见的事件时，它会限制行动而不是有助于行动。

上述这段文字正是对XL888T和AF447飞机事故原因的准确表述，这两起事故间隔很短。当时，机组成员对机上所发生的事情感到困惑，未能正确理解自动装置的操作，最终导致事故发生。它同样适用于解释最近的波音737MAX的事故。

XL888T和AF447事故有一些共同特征。在这两个案例中，发生故障的传感器都导致了飞机的异常运行，而飞行员却对此一无所知。结冰的传感器没有诱发更为严重的技术故障：其他系统仍按预期运行，但仅仅是传感器故障就足以引发灾难。

这似乎是一种新的事故模式，其原因在于不了解飞机当时的操作和诱发这种操作的原因。为什么会发生这种情况？如何才能在未来避免这种情况？

有些人认为，由于飞机的安全率一直缓慢提高，因此对此无须多虑。风险，好似一枚硬币的两面（两面由严重性和概率组成），似乎一直以概率为基础，以严重性增加为代价来运行。

“整个风险账户”可能看起来是可接受的，但是，数百万行程序中包含有多少共模情况？一次爆炸可能会切断不同系统的数据线，又会产生多少共模情况？

传感器故障引发的事件，如AF447和XL888T事故中的传感器故障，是否会再次引发机组的困惑？是否会揭示一个影响数千架拥有相同系统或相同制造维护流程的飞机的问题？

飞机上的系统是否得到充分保护，以防止未经授权的访问？不应忘记，一些制造商和监管机构正在谈论可以从地面控制的单人驾驶飞机。能够同时影响许多飞机的“零日攻击”难道不可能再次发生吗？

用纳西姆·塔勒布（Nassim Taleb）的话说，我们是否在经营一个“黑天鹅”农场？

本书并不是对技术的控诉，在一个高度依赖技术的领域，这极不理智。本书的观点是：

（1）并非所有技术上可行的事物都值得采纳。

（2）牺牲可理解性换取效率近乎谬误。如果为了效率而适度承受可理解性损失，那就大错而特错。

（3）在航空业探寻问题解决方案时，并不具备其他领域（如国家核电或铁路行业）享有的“冻结问题”特权。必须在飞机飞行时，借助机上有限的资源，在空管人员的帮助下找到解决方案。

当下的航空业正是佩罗（Perrow）的经典“紧耦合系统”定义的例证。这类追求高效系统（即最优投入产出比）的设计，可能其内部紧密关联，引发“滚雪球”效应。因此，高效的组织不仅在正常运作时是高效的；当其错误时，其错误也能迅速放大。

欲实现实质改进，应该通过构建防火墙和寻求真正的可理解性来解耦这些系统。

一个操作者无法理解的操作模型，只在系统按预定程序运行时有效。一旦系统出现错误或触发了错误的自动程序，操作者原有的操作知识就会失效。

在空客公司发布的YouTube视频中，飞行员在驾驶舱中宣称，无须了解计算机工作原理就可以操作。为了强调其观点，他手持一个袖珍计算器为例，称不知道其工作原理仍能使用。遗憾的是，此观点并不准确。

我们知道计算器的工作原理，其设计初衷即为模仿人类，即使这意味着操作效率的降低。惠普公司生产的RPN计算器就是例证，这种计算器备受工程师和金融家的喜爱，但对很多人来说难以理解，因为它没有“=”键，新手难以适应。在销售RPN多年之后，惠普公司不得不生产效率较低的算术计算器；否则，他们就会失去一大块市场份额。值得注意的是，许多30年前设计和制造的RPN计算器至今仍在销售和使用，这对电子产品而言实属罕见。

与袖珍计算器不同，航空业的“市场”并非仅由飞行员、控制员、技术人员或其他参与飞机操作的人员和维护人员组成。

诚然，所有这些人都是利益相关者，他们把自己的工作甚至生命都置于危险之中。然而，从分析结果来看，市场充满选择性的机会，在市场驱动下，由制造商、运营商和监管机构组成的市场主体，可能误入歧途。

●运营商关注的是使用飞机、维护飞机和培训的效率。

●制造商为了满足这些要求，竞相在他们的飞机中加入更多的电子设备、采用更便宜的制造技术和通用性技术。

●监管机构深知航空业的重要性，他们不想冒着扼杀或破坏市场的风险，提出非必要的要求。相反，他们会与主要飞机制造商保持一致，特别是大型飞机制造商。

航空安全数据显示整体态势不错，尽管并非尽善尽美，但是，有一个问题不容忽视：

一台发动机和控制装置都运行良好的飞机，从距地面 10km 的空中坠落，飞行员虽知飞机即将坠毁但却不明事故原因，这是否可以接受？这是纯粹的培训问题，还是组织模式深层弊病的体现？

种种案例表明，缺乏培训只是复杂原因中的一项。这也是本书建议航空业需要一些改变的原因。

作 者 简 介

何塞·桑切斯·阿拉科斯（José Sánchez-Alarcos）博士，拥有社会学博士和心理学学士。他曾是名飞行员，著有《通过组织学习提高航空安全》一书。在影响航空安全的人为因素和组织因素方面经验丰富。曾在欧洲航空安全局（EASA）和美国国家航空航天局（NASA）担任人为因素培训师，并为多家制造商、航空公司和航空监管机构工作。作为人为因素顾问，他的工作主要涉及航空、核设施、铁路和海上运输领域的航空设计和事故调查。

缩 略 语

AI	artificial intelligence　人工智能
APU	auxiliary power unit　辅助动力装置
ASRS	Aviation Safety Reporting System （美国 NASA）航空安全报告系统
ATC	air traffic control　空中交通管制
CAA	Civil Aviation Authority （英国）民用航空局
CAWS	central advisory and warning system　中央咨询和告警系统
CRM	crew resource management　机组资源管理
CVR	cockpit voice recorder　驾驶舱语音记录仪
EASA	European Aviation Safety Agency　欧洲航空安全局
EID	ecological interface design　生态界面设计
ETOPS	Extended-Range Twin-Engine Operation Performance Standards 双发延程飞行性能标准
EWIS	electrical wiring interconnection system　电气线路互连系统
FAA	Federal Aviation Administration （美国）联邦航空局
FBW	fly-by-wire　电传飞控
FDM	flight data monitoring　飞行数据监测
FDR	flight data recorder　飞行数据记录仪
FRMS	fatigue risk management system　疲劳风险管理系统
GOFAI	good old-fashioned artificial intelligence　良好的老式人工智能
HFAC	Human Factors Analysis and Classification System　人为因素分析和分类系统
IATA	International Air Transport Association　国际航空运输协会
ICAO	International Civil Aviation Organization　国际民用航空组织
IFALP	International Federation of Airline Pilots　国际飞行员联合会
ILS	instrumental landing system　仪表着陆系统
MEL	minimum equipment list　最低设备清单

NASA	National Aeronautics and Space Administration （美国）国家航空航天局
NOTAM	notice to airmen 飞行员通告
NTSB	National Transportation Safety Board （美国）国家运输安全委员会
RAAS	runway awareness and advisory system 跑道感知咨询系统
RPN	reverse Polish notation 逆波兰表示法
RVSM	reduced vertical separation medium 缩小最低垂直间隔
SA	situation awareness 态势感知
SOP	standard operating procedure 标准操作程序
SRK	skills, rules and knowledge 技能、规则和知识
TEM	threat and error management 威胁与差错管理
TOW	take-off warning system 起飞告警系统
VNAV	vertical navigation 垂直导航

目　录

第 1 章　商用航空：概述

导读：商业航空属于高风险领域，安全运营受到诸多因素影响，除了技术因素之外，还要受到管理水平、社会因素以及人为因素的影响。在追求效率的过程中，人们可能会对技术和管理问题进行一定的妥协。但与此同时，商业航空也在不断地总结经验，通过学习促使系统进化。为了在提高商业航空的效率的同时保证飞行安全，需要把运营商、监管者和制造商看作一个完整的系统，并重点考虑人在其中发挥的重要作用。

相较于其他行业，商业航空可称之为朝阳行业，其用户规模的增长和安全水平的提升尤为瞩目。

商业航空绝不是一个失败的典型，但随着飞行数量增加，机型增大，飞机改进的压力也不断增加，单个事件的潜在影响也在增加。

可以预见，虽然航空业是一个技术性很强的领域，但一些潜在的问题恰恰来自于个人和社会对非技术问题的忽视。

本章旨在发出警示，在后续章节中，将从不同的维度对其进行剖析，探讨组织演变及其缺陷，以及未来应如何纳入人为因素及其必要性。

1.1　航空业：高风险领域

组织学习在各个领域都至关重要。有些错误会屡次重演，这表明组织学习的缺失，或者说组织学习过程非常缓慢。

但是，航空商业数据表明该领域的组织学习堪称成功典范，特别是与许多其他行业相比，商业航空的发展历史还较短。

自首次动力飞行，已经过去了一个多世纪，很难想象，如果没有数百万人每日乘机在全球各地飞行，如今的世界会是怎样。

波音公司最近的统计报告，以其增长态势反映了航空业的重要性（见图 1–1）。

从商业航空发轫以来，其安全进步远超运力增长。实际上，这些进步可以作为衡量航空业组织学习能力是否成功的标尺。

在商业航空发展初期，飞行员能正常退休实属罕见，而如今，这已司空见惯。对各类乘客而言，搭乘飞机的安全顾虑已远低于火车或汽车。波音公司的事故率数据见图 1–2。

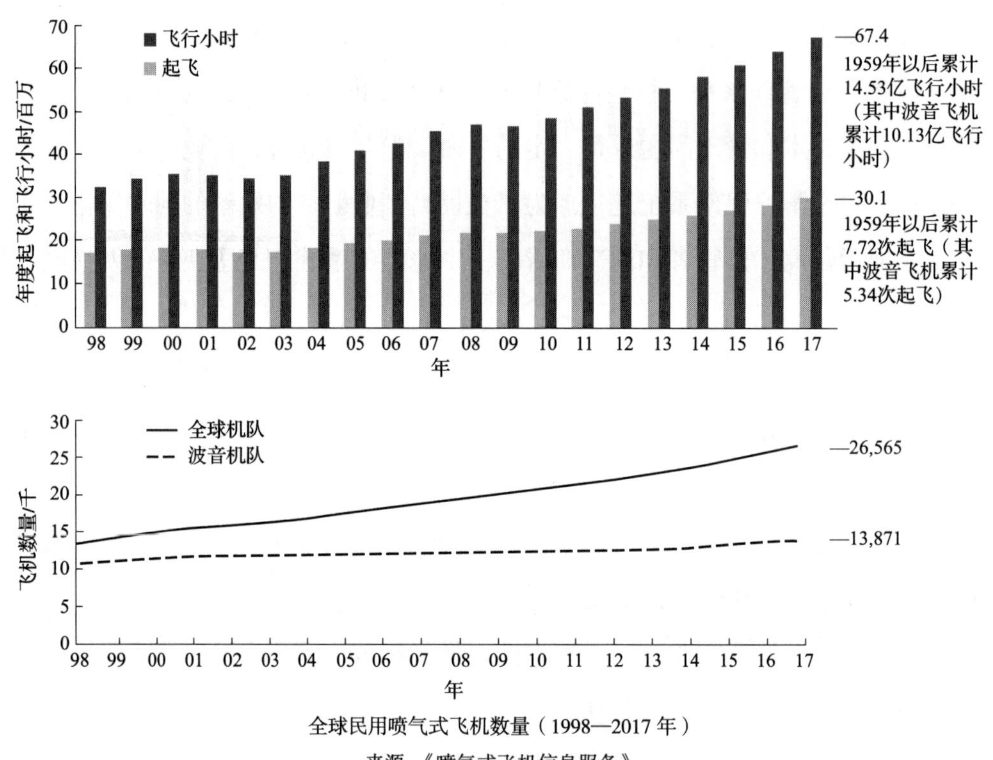

全球民用喷气式飞机数量（1998—2017 年）

来源：《喷气式飞机信息服务》

图 1–1　起飞、飞行小时和在役喷气式飞机数量（最大重量大于 60000lb① 的喷气式飞机，包括临时停飞和非航线运营商使用的飞机，不包括用于军事用途的飞机和独联体（CIS）和苏联（USSR）制造的飞机。）

尽管商业航空仍然存在重大风险，且这些风险会持续增长，但对风险的控制愈发凸显其伟大之处。单纯从商用飞机的飞行高度来看，就足以理解当前对商业航空安全要求的真正价值，这在《主要飞行风险目录》中得到了进一步的体现。

主要飞行风险目录

（1）在巡航高度上，商用喷气式飞机飞行速度接近声速。任何与其他物体（无论是否移动）的碰撞，都可能导致灾难，而且通常都来不及做出任何反应。

① 1lb（磅）≈ 0.454kg。——编辑注

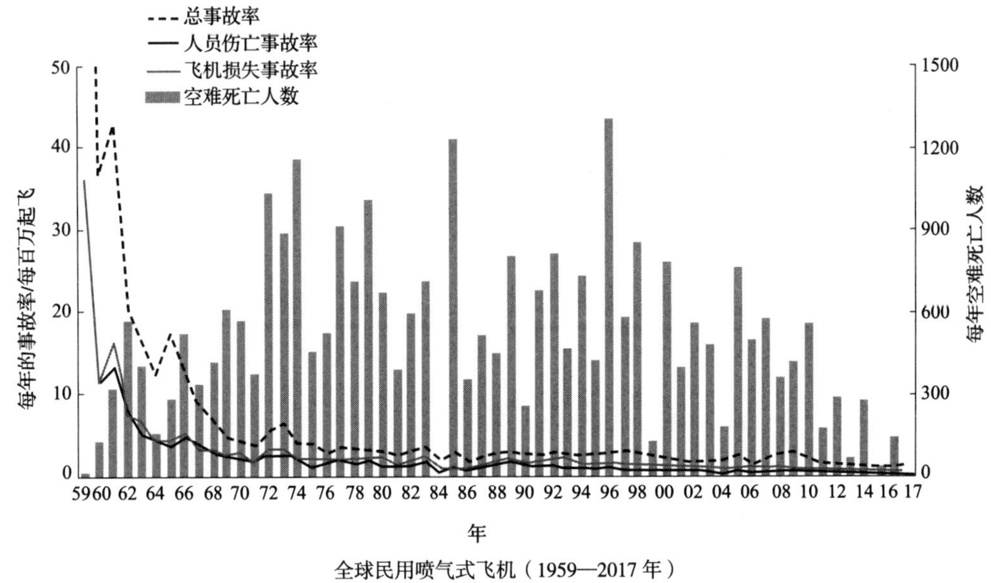

全球民用喷气式飞机（1959—2017 年）

图 1-2　年事故率和空难死亡人数

（2）飞机在离地面约 10km 的高度飞行，在这样的高度下，人类无法呼吸。除了窒息的风险外，还存在因无法控制的高度骤降而引发的冲击风险。

（3）飞机处于巡航高度时，其外部温度约为 –50℃。人类在这种温度下的存活时间仅为几分钟。

（4）飞机外部气压极低，为了保持飞机内部的压力稳定，飞机蒙皮承受着巨大压力，存在金属疲劳和断裂的风险。

（5）在长途飞行中，飞机起飞时的燃油重量①占总重的一半。在发生碰撞的情况下，会有发生火灾或爆炸的风险，而在燃油耗尽的情况下，则有发生坠机的风险。

（6）发动机在高压和高温条件下工作，发生机械故障、爆炸或火灾的风险较高。

（7）在任何天气条件下，大型飞机以接近 300km/h 的速度起飞，以接近 200km/h 的速度降落。

（8）飞机会受到各种天气的影响，可能是能见度不足，甚至是结构损伤、雷击或表面结冰。

（9）飞机在各种复杂地理环境中进行长途飞行。在某些航线，双发飞机距离最近的机场飞行时间约为 6h。

（10）一些航线或大型机场航站区的拥堵增加了碰撞的风险。

① 本书“重量”为质量（mass）概念，其法定计量单位为千克（kg）。——编辑注

此清单还可以继续扩展，但关键并不在于列举这些风险，而在于区分“危险”和“风险”这两个概念。

危险与严重性有关（即一个越来越严重的危险清单），而风险则包括概率。对许多非专业人士而言，这两个概念是同义词，但其差异主要体现在事故率的下降。换言之，虽然危险仍然存在或增加，且人们对此无能为力，但风险却在降低，因此，事故率也在降低。

空客A340就是一个有力的例证。空客公司在18年的时间里生产了386架A340，生产线关闭后，A340历经数百万次的飞行，从未发生人员死亡之类的重大事故。

这在一定程度上体现了航空业安全改进的重要性。但在重要性方面，还有其他行业可以和其重要性相提并论。

如私人交通领域，汽车被誉为“改变世界的机器”，此外，信息技术革命仍然有更大的影响。然而，航空业有一个重要特点：单起重大事故造成的社会影响极大。

车祸很常见，车祸造成的死亡人数远远高于航空业。事实上，仅2017年，美国车祸的死亡人数估计高达4万人，相当于100架大型喷气式客机的乘客量。然而，与重大航空事故相比，单起车祸的影响都很小。由于单起车祸的受害者人数较少，人们对一年内1000次车祸造成1000人死亡的接受度远远高于一年内三起空难导致1000人罹难。

威尔斯（Wells，2001年）考察了事故与受害者人数的直接关系，计算了单起事故造成的社会影响，即人们对损失的感受与事故中死亡人数的平方成正比；因此，单起事故中死亡100人与10000起事故累计死亡10000人所造成的社会影响相同。除了对社会影响的计算，可以想象，如果美国一年内有100架大型喷气式飞机坠毁，会发生什么情况（将同一地区汽车和飞机的数量联系起来）。

这种观点有一定的现实意义。航空业始终受到社会公众的关注。因此，保持或提高安全水平的压力远高于其他行业。然而，由于航空业的发展很大程度也依托其他行业，航空业也会受到这些行业的影响，即引入外部风险。

信息技术即是一例。时至今日，由于基础设备都依赖于网络，网络安全仍然是个一项高风险活动。当然，这包括与航空相关的设备。

信息技术的影响如此之巨，电磁脉冲（EMP）可以让遭受打击地区重返“石器时代”，但这并非唯一的威胁。针对特定设施的定向软件攻击可能更具破坏性，造成的人员伤亡可能远超很多航空事故。

网络攻击并不是唯一的危险。糟糕的设计或软件缺陷同样会造成严重后果。这并不是比较航空与信息技术的重要性，而是强调：信息技术已是航空业的关键组成部分，因此，航空业已经从无处不在的信息技术中引入了这些危险：

航电系统、电传飞控、数据链通信、空中交通管制、机载防撞系统、仪表着陆系统（ILS），机载设备和地面装置、下一代交通管制系统。如今，几乎很难在航空业找到一个和信息技术无关，或者信息技术仅发挥次要作用的系统。

如波音 787 或空客 A350 等飞机使用的软件，虽其代码数量远远低于现代战斗机，但仍高达数百万行，是潜在漏洞或实施攻击的最好载体。

然而，蓄意破坏并非信息技术带来的最大危险。最大的危险不是来自于设计缺陷，也不是来自于黑客攻击（不管是内部攻击还是外部情报机构攻击），而是软件在错误的环境中按照原设计执行任务。

莱文森（Leveson，2004 年）曾谈及此问题，并对安全和可靠性之间的混淆提出了警告，指出了“在复杂的系统中，事故往往源于各部件之间的相互作用，但各部件都按照其预定程序运行，并未出现故障”。

US1549 航班事故就是一个例证。其制造商空客公司从未设想该飞机会在低于 20000ft[①] 的高度完全失去动力。对于在 20000ft 或更高的高度飞行的飞机，每个程序和系统都完美地工作。如果这种情况是由先进的系统管理，而不是由人工管理，可能会发生机毁人亡的重大事故，但每个人都可辩称，整个系统工作正常，即根据设计参数，系统表现正常。

信息技术引入了新的考量，安全和效率均为重要的关注项。但二者并不能很好地结合起来。不同的作者指出，在考虑安全水平时必须权衡防护和运营成本。忽视这种权衡会造成破产、灾难和潜在的系统崩溃。

飞行必然伴随着风险，而风险必须控制在可接受范围之内。只有这样，安全与效率的权衡才最为合理。

但是，没有人能够永久地界定可接受的边界。因此，没有人知道当下的边界是否适用于未来。可接受的边界始终是公众舆论的产物，主要受最近发生的重大航空

① 1ft（英尺）≈ 0.3048m。——编辑注

事故及其发生方式、具体原因的影响。

其次，安全水平是可接受边界内的动态目标，也在不断地变化。如果忽略其动态性，或仅指定概率阈值而不考虑低于此阈值的影响，那么，以公众舆论来衡量可接受性无疑是一颗定时炸弹。

理论上，只要“适当的控制水平”和“生产和保护之间的平衡”，任何人都可以决定在效率和安全之间进行转换。然而，一旦重大事件揭示了隐性转换的存在，公众接受程度就会瞬间改变。信息技术时代的特征——信息传播的速度，能使局部问题迅速升级为强烈的市场反应。波音 737MAX 事故正是一例典型事件。

正如在高科技领域所预期的那样，风险是否可以接受，取决于用户对专家的信任，而不是专家的评估能力本身。然而，正如贝克（Beck，1992 年）所指出，这种信任并非保持不变。公众可能突然丧失对专家的信任，引发灾难性的影响。

当产品或工业流程的关联效应威胁民众的基本生活需求时，则可能会导致市场崩溃，政治信任受损、经济资本损耗、以及民众对专家信任的削弱。

过去，由于信息传播易于管控，航空公司在发生重大事故后往往悄然消失。如大制造商麦道公司的消失与其灾难型号 DC-10 有关。

TK981 事故揭示了制造商和监管机构存在着大量不当的做法，这导致该飞机潜在乘客的惊慌逃离，而官员们过度反应，试图筑起防火墙。

运营商都意识到了一种新型商业风险：任何人均可向全世界传播信息。如果这个“任何人”恰好具有影响力，任何错误的行为都可能在数小时内成为热门话题。社群管理者——这个几年前还不存在的职业，虽竭力使用手头所有的资源来阻止这种影响的扩散，但往往难以阻挡。

过去，在舒适而无压力的讨论会上进行技术决策，过度的舒适导致像 DC-10 这样的错误发生。如今，这样的事情会更快地公之于众。此外，如果对公众隐瞒基于统计数字的决策，也会产生同样的结果。

特斯拉公司的自动驾驶汽车发生了首例致死事故，但是该公司网站坚称，自动驾驶汽车比人类司机更安全，这一观点比事故本身更让人不安。

安全不仅是统计问题，更是公众接受度的问题，因此，某种程度上讲比较容易识别。否则，仅由在没有压力的情况下的专家决策可能会成为一个商业噩梦，带来无法估量的损失。

如何妥善处理公众接受度问题，有很多事例可以借鉴。上述特斯拉案例只是其中之一，但在联邦航空局（FAA）的严厉处罚后，西南航空公司采取了异于常规的措施。他们在其公司官网上解释了不同意联邦航空管理局意见原因，随后上传了首席执行官赫伯·科勒贺（Herb Kelleher）在法庭上的证词。

总之，公众监督无法回避。统计学角度可接受的情况，对于用户而言很难接受。这不仅关乎决策合理性。通常，对不可能发生的情况预判的概率低于十亿分之一，而调查发现对概率的预估低得不合常理。

相关案例之一是美联航 232 航班事故。飞机起飞时，正常运行的三套冗余液压系统同时出现故障的概率应低于十亿分之一。事故表明，尽管这三套系统功能独立，但它们在飞机上的位置极为接近。尾部发动机爆炸（单一事件）可能会影响所有的系统。这一事件足以表明，对概率的估算是完全不现实的。

下文将讨论更多这类情况，几乎所有情况都会暴露一个问题：人们识别、管理和纠正基于技术错误导致的问题的能力正在下降。

工作人员，尤其是与操作密切相关的人，如飞行员或空管人员，常被视为应急资源，但是，要使其发挥效用，必须满足一些条件。否则，航空业将面临运营和公共质疑的双重风险。尽管数据统计表明前景乐观，但只看数据远远不够，特别是那些基于计划的行业，其统计数据不能反映实际情况。

1.2　效率之战

在一个对安全水平的接受程度会出现突然变化的环境中，确保效率是一场艰苦但至关重要的斗争。分析了空客和波音这两个主要飞机制造商的演变历程，揭示效率如何在与安全的斗争中屡屡获胜。

1978 年，空客公司通过空客 A310 飞机引入了“面向乘员的驾驶舱”（FFCC）这个新概念，这是大型客机首次取消了驾驶舱中的飞行工程师。

波音公司起初对空客公司的做法提出了申诉，然而当时正在设计中的波音 757 和波音 767 在 1981 年最终面世时，驾驶舱中也未保留飞行工程师的位置。1998 年，SW111 航班飞机火灾事故后，本来应该对这种做法进行调查，但是，考虑到这种做法已成为行业操作标准多年，因此并未进行调查。

SW111 航班火灾事故中，飞机试图降落在一个未知的机场。两名飞行员不但要驾驶飞机、导航着陆、进行无线电通信，还要空中放油，并试图解决引发火灾的故障。

没有人能断定飞行工程师的存在是否会拯救这架飞机，但对当时情况的分析表明，如果还有另外一个人，肯定可以提供更多的帮助。然而，按照设计，这架飞机没有保留飞行工程师的位置。

官方报告中没有提到“工作负荷”一词。仅模糊地提到地图位置不当增加了飞行员的负担。

事故被归咎于安装不当和缺乏培训，这是应对问题的常用说辞，可以一次又一次地作为应对所有问题的答案。

因此，没有人提出恢复或者至少是重新考虑——几年前在驾驶舱中不设置飞行工程师的做法。

波音公司在追求效率方面也有自己的选择。他们发现，美国境内的长途飞机很少出现发动机停车的故障。因此，他们认为发动机的可靠性可以证明：使用双发飞机进行远洋飞行是合理的。

当然，空客公司也在第一时间提出申诉，因为这个建议直接与其 A340 发生冲突，A340 是一种四发飞机，专为长途航线设计，乘客人数比波音 747 少。因此，如果波音公司的建议被采纳，由空客 A340 执行的航班可以由比波音 747 更小的双发飞机执行。这导致双发延程飞行性能标准（ETOPS）的诞生，并广受关注。

配备三台发动机的机型，如麦道公司的 DC-10 或洛克希德 - 三星公司的 MD-11，逐渐被边缘化，因为三发飞机不具备四发或两发飞机的优势。

与此同时，管理当局也很谨慎，收集分析发动机可靠性信息之后，管理当局增加了一个要求：并规定双发飞机在单发失效后，需能在 6h 内飞抵最近机场。尽管空客公司一开始有所抱怨，最终却推出了双发的 A330，正是为了满足远程市场，执行跨洋飞行。

现在，四发飞机已经很少了，只有用两台发动机无法驱动的巨型飞机才会安装四台发动机。对于巨型飞机，如果使用两台发动机，其尺寸将会很大，无法安装在机翼之下，或者要增加起落架支柱的高度，这会产生更大的阻力。

目前的 ETOPS 规则接受双发飞机，在一台发动机停车后，可以继续飞行超过 6h 到达机场。也就是说，一架满载 300 名乘客的飞机，如果没有合适的地方降落，只用一台发动机也可以飞行超过 6h。

统计数据表明，这是一个正确的决定，但乘客的内心可能并不认同。制造商和设计师们试图规避任何可以想象的共模风险。例如，不允许同一团队同时维护两台发动机。然而，共模的威胁仍然存在，且大量统计数据是基于两台发动机正常运行的情况。

统计数据存在这样一个问题：如今，双发飞机可以在任何地方飞行，并不存在比四发飞机更多的限制。由于以前禁止双发飞机的航线已经对双发飞机开放，四发飞机原有的优势已经消失了。

因此，对于巨型飞机（如空客 A380 或波音 747），在不破坏 ETOPS 规则的前提下，当两台发动机无法提供飞机所需的动力时，工程师才会使用四台发动机，这就是塔勒布（Taleb）所定义的“黑天鹅”事件——一个被视为几乎不可能发生的事件。

这怎么可能发生呢？统计数据指出了很多可靠性问题。那么，是否应该担心，就像人们内心所猜测的那样：如果飞机在可以想象得最差的地方发生发动机停车，那么用单台发动机在海洋上飞行 6 个多小时的概率有多高？

发动机是非常可靠的，但它们在所有的工作条件下都有相同的可靠性吗？例如，一旦一台发动机发生故障，剩下的发动机必须提供所需的动力来保持飞机飞行。是否有足够的信息保证发动机的可靠性仍然处于两台发动机都工作时的水平？

遗憾的是，这个问题并不像预期的那样容易回答。发动机停车是一个罕见的事件，因此，无法有效获取使用单发飞行时的可靠性信息。关于发动机可靠性的大部分数据来自于两台发动机都工作的飞行状态。那么，可靠性本身可能是导致在异常情况下遗漏可靠性信息的因素。

有人认为已经有了发动机的足够信息，而且认为，双发飞机也存在功率过剩。每次飞行都需要起飞和爬升，在这些阶段，飞行员都会采用高功率设置。在只有一台发动机运行的情况下，长期飞行的功率设置比通常的巡航功率设置得要高，但仍然低于短时间内需要高功率时的要求。因此，由于每次飞行都需经历起飞和爬升阶段，有人声称拥有高功率时发动机工作的可靠性信息。

然而，这正是事情变得耐人寻味的地方。图 1–3 显示了（美国 NASA）航空安全报告系统（ASRS）数据库中的参数和搜索结果。

显然，在 18 年间，美国有 292 份关于发动机停车的报告，数量极少。然而，这些报告的样本表明，许多发动机停车恰恰发生在起飞或爬升阶段——也就是发动机以较高功率运行的阶段。

搜索结果为292份飞机分类编号（ACN）
搜索标准： 事故发生在2000年1月—2018年1月， 联邦航空条例（FAR）第121部和第135部， 事故类型是危急的、不严重的， 主要问题是飞机， 信息包含发动机停车。

图 1–3　ASRS 搜索框

尽管这个数字仍然很低，但按照国际民用航空组织（ICAO）的定义，安全－效率转换显然处于可接受的水平。虽然没有发生事故，但却在乘客不了解的情况下进行了转换，因为他们中很少有人熟悉 ETOPS 规则。

如果发生独立的双发停车这类不可想象的事故，用户不熟悉他们的安全－效率转换，会拒绝双发飞机的越洋飞行。这会引起麻烦，航空公司将很难解释：为什么发生了这样的事件，以及转换决定和接受规则的合理性。

但是，在偏远的地方飞行双发飞机的风险并不是主要风险。首先，要面对这种风险，必须有人决定在距离机场 6h 之远的地方飞行，而且经常是载客人数超过 300 人。一旦决定这样做，发动机停车不是唯一可能的事件，甚至不是最糟糕的事件。

由于飞机上的资源有限，能够从地面得到的支援也非常有限，所以无论飞机有多少台发动机，发动机停车都会引起不安，影响机上人员，同时还会出现座舱失压、烟雾、火灾、电力故障和许多其他情况。

因此，ETOPS 的规则并不像非专业人士所认为的那样不合理，接受偏远的航线飞行，而不是使用更长的航线，就会更接近地面资源。

然而，问题仍然存在：不向公众透露真实的信息，而是在公众不知情的情况下做出存在风险的重大决策。从管理的角度来看，这是可取的，但它有一个严重的缺点，这虽令人厌恶的，但却是可以避免的——如果发生重大事件，公众可能不接受。

当然，取消飞行工程师和实行 ETOPS 规则以后，商业航空的创新并没有结束。

空客公司提出了一个新的挑战：电传飞控。简而言之，“电传飞控”指的是飞行控制装置向电脑发出指令，而不是利用机械 / 液压管线直接连接操纵面。

在空客公司之前，唯一采用电传操纵的民用飞机是“协和”号飞机。波音公司声称，尽管电传操纵是军用航空的标准，波音公司仍在这方面进行了持续的研究。

总之，波音公司最终在波音 777 和波音 787 机型上采用了电传操纵，这只有在这些新机型上才可能应用。电传操纵是一个重大的改进，如果将其用于旧机型则意味着需要重新认证。

新机型的开发和认证通常耗费巨资，以至于公司希望尽可能地延长其生命周期，特别是在许多飞机已经售出的情况下，对运营商来说，升级机型的成本远远低于购买新机型。这就是波音公司一直改进 1967 年的机型（即波音 737），而不是为中短程市场开发新机型的原因。事实上，波音 737MAX 的事故与这一因素有关，因为 1967 年定型的机体为后续换装新发动机预留的空间不足。

批评电传操纵，是波音公司保护其旧式波音 737，以及波音 747、波音 757 和波音 767 的一种方式，当空客公司推出第一架电传操纵飞机时，波音公司的这些飞机都已经上市。然而，当波音公司推出最新设计的波音 777 和波音 787 时，却采用了之前其诟病的电传飞控技术。

观察这两个最大的制造商的最新机型波音 787 和空客 A350 时就会发现，它们都没有飞行工程师。两者都是双发飞机，都经过 ETOPS 认证，当然，两者都采用了电传飞控。此外，还有其他相似之处，如复合材料用量。

由于受到类似的限制，两个制造商都生产类似的产品，但在这些产品中，效率获胜。那么为什么最初会有阻力呢？答案是，就像电传飞控，制造商正试图延长旧式产品的寿命，当技术创新来自他们的主要竞争对手时，在接受新技术之前唯一的办法就是攻击它。事实一再表明，对来自主要竞争对手的批评必须慎重对待。然而，两家制造商都可以找到方法来降低他们的开发成本。如果是这样的话，就无须保留其老旧的机型，从而避免完整的认证过程。

最终的解决方案，正如近几年所见情况：相似性。

在欧洲航空安全局（EASA）的 CS-25 部“审定规范”中找到了关于预防人为因素错误方面的相似性的声明。

相似性声明（第 6.3.1 段）。相似性声明可用于证明设计有足够的事实先例，结论为飞行机组纠正错误的能力没有重大改变。申请人也可以通过自身的经验识别错误，这类错误在类似的机组接口或系统行为中普遍发生。作为显示合规性的一部分，申请者应在新的设计中识别出要采取的措施，避免或减少类似的错误发生。

当然，相似性概念并不只适用于人为因素领域。它与不同的系统有关，而且在几年前空客公司生产 A320 飞机时，这一概念已经至关重要。

在一定程度上，空客 A330 是一个更成熟的 A320，而 A340 是装有四台发动机的 A320。A318、A319 和 A321 的机型演变非常清晰，无须赘述。空客公司称这种做法为通用性，在这种情况下，从一个空客机型过渡至另一个空客机型的培训时间极短，并通过交叉机组资格认证，使许可证得以延续。

根据制造商的培训手册，培训一名飞行员从一个机型过渡另一个机型所需的时间非常短。从空客 A330 到 A340 或者 A340 到 A330，只需三个工作日。从 A320 到 A380 或从 A380 到 A320，时间增加到 15 天。

显然，减少训练时间和在不同的飞机上使用相同的机组人员提升了效率，尽管有一些缺点，但其优点足以超越培训机组人员所用的时间，这对设计也产生了影响。

如前所述，重要的是相似性，也就是空客公司所强调的通用性。就认证过程而言，相似性的意义在于：如果制造商证明它已经在以前认证过的飞机上正常运行过，系统就可以通过认证。

这种用于单个系统或设备的做法，在有限的情况下可以用于整个飞机。如果有许多与已经运行的飞机共享的装置，这还可以加速新机型的面世。

这样，制造商只需进行微小的改变，就能制造不同大小和航程的飞机——制造商已经在这样做了——作为同一型号的改型，还可以扩展到其他更多机型。可以期待波音 787 成为相当于空客 A320 的波音飞机——具有不同尺寸和航程的通用平台，而空客 A350 可以像 A320 一样，成为新的空客家族的平台。这个解决方案在操作和设计两个方面都很完美。但是，如果出现错误，结果会怎么样?

如前所述，查尔斯·佩罗（Charles Perrow）警告，不要不惜一切代价通过紧耦合组织追求效率。错误产生的影响也会通过组织正常运作的渠道而传播。因此，如果出现一个严重的设计缺陷，它可能会影响制造商的整个机队——每一架飞机，无论其尺寸或航程如何。

此外，有几起事故，其中一起事故严重到让飞机报废，都是因为飞行员过于疲劳或慌乱，混淆了所驾驶的飞机，设置了错误的起飞参数。虽然计算机不会接受非有效参数的输入，但一架装载短途飞行所需油量的重型飞机与一架装载长途飞行所需油量的轻型飞机的重量数据可能非常相近。

此外，空中交通管制（ATC）计划的变化，允许从较短的跑道或从长跑道的中间起飞，可能会导致飞行员错过输入新的功率值。因此，尽管有跑道感知咨询系统（RAAS）等，并不能避免这种类型的错误。

在这种情况下，制造商、运营商和监管机构之间呈现出相互关联、效率驱动的关系。

监管机构不是通过严密的管控来限制一个行业，而是在不损坏被监管行业的前提下制定规则。在更广泛的意义上，监管机构是民众在某个领域的代表，这些民众缺乏对广泛使用却又能带来严重生命威胁的产品的基本认识。换句话说，监管者应该为系统带来“专家的绝对理性”，正如贝克所建议的那样。

运营商之间的竞争，总是要求改进，以提高效率。这迫使制造商提供非常相似的产品。如果制造商在购买、使用和维护方面都能提供更便宜的产品，同时，它们的相似性足以减少飞机的维护，减少不同型号之间的培训时间，或使不同飞机使用相同的机组人员成为可能，这将是一个完美的世界。

这个完美的世界几乎已经到来，但这产生了一个新的风险，来自其所隐含的紧密耦合的组织模式。如何处理影响多数飞机的异常情况？

DC-10、波音 787 或最近的波音 737 因设计缺陷而停飞的经历已经广为人知，但如果一个重大的设计故障影响到同一个制造商的每一架飞机呢？相似性或通用性会使这种情况成为可能。

1.3　学习过程：系统的进化

DC-10 的设计是航空业学习的一个里程碑。在飞机起飞之前，就已知晓货舱门的不当设计有可能导致重大事故。在因货舱门不当设计造成首起严重事故之后，人们认为可以改进设计，而不是将其作为一个强制性的适航指令，也就是说，问题解决之后，飞机可以继续飞行。

即使从经济学的角度来看，这两种选择之间的差异也相互关联：如果必须对飞机进行改进以达到适航标准，相关的费用由制造商承担。但是，如果是建议改进，费用则由运营商负责。在 DC-10 的案例中，这种差异的相关性非常明显。

一扇货舱门突然打开，造成飞机突然失压，但飞行员奇迹般地成功着陆（AA96）。建议的改进包括结构加固和增加信息板，但基本的设计保持不变。

两年后，同样的问题再次出现在土耳其航空公司的航班上，但这一次飞机上的乘客就没有那么幸运了：失压使控制电缆断裂，飞机坠毁，共有 325 人遇难（TK981 航班）。

调查表明在设计时人们已知晓这个问题。一份被驳回的书面报告，包括试验，清楚地表明设计缺陷及其潜在影响，这份报告已经公开。

在首起事故之后，制造商和监管机构之间达成了“君子协定”（正如官方报告所称），降低了该设计问题的重要性。在像 TK981 航班这样的重大事件发生后，这些问题无法继续隐藏，许多乘客拒绝乘坐 DC-10。

在一定程度上，这起事件决定了制造商麦道公司的命运。他们加快了对替代机型 MD-11 的设计，但由于设计仓促，产生了许多缺陷，导致了新的事故。此外，在外行看来，新的 MD-11 与旧的 DC-10 看起来极为相似。

DC-10 还有更多与设计有关的案例。除了恐怖袭击之外，美国航空公司的 191 航班空难是美国历史上最严重的航空事故，它是由设计缺陷和不当维护共同引起的。

在起飞过程中，一台发动机从飞机上脱落，因为不当维护方法削弱了发动机和机翼之间的连接。假设一切仍然“正常”，从理论上讲，这种情况不应该产生致命的风险。

然而，DC-10 有一个新的特点。它取消了襟翼和缝翼的机械锁定装置。襟翼和缝翼利用液压系统保持在展开的位置，为了获得批准，制造商必须证明即使发动机停车，它们仍然保持在位置上。制造商证明了这一点，飞机获得了认证。

事实表明，对于该系统来说，发动机停车并不是唯一的也不是最糟的情况，还有一个更糟的情况没有验证——飞行中发动机脱落的后果。发动机的脱落切断了连接发动机和机翼的所有电线和管路——电力、液压油、燃油等，导致液体的泄漏。

这正是 191 航班空难所发生的情况。飞机失去了液压油，在最关键的时刻——起飞时，依靠液压系统保持位置的襟翼和缝翼收起。

此外，告警系统（振杆器）与脱落的发动机相连，因此，在发动机脱离飞机后，它就失去了作用。飞行员无法从驾驶舱看到发动机，所有可用的信息都显示发动机停车。因此，他们按照训练做出反应，增加迎角以使飞机爬升。这样操作以后，由于襟翼和缝翼已经收起，飞机失去升力，引发失速，飞机在机场附近坠毁。

事故发生后在模拟器上进行的测试表明，如果飞行员知道真正的问题所在，飞机可以恢复。然而，根据当时获取的信息，这不可能做到。在这次事故之后，人们认为依靠液压系统保持襟翼和缝翼打开并不是一个良好的设计。然而，在 DC-10 中仍然沿用这种设计，它增加了一个阀门，以便在发生液压损失时保持系统工作。DC-10 的后续机型 MD-11，进行了设计改进，恢复了 DC-10 所放弃的标准机械保持装置。

监管机构欠缺说服力的另一案例来自西北航空公司的 255 航班。

这架飞机是同一制造商的不同型号（MD-82）。在这次事故中，构型警报失效，襟翼已经收起，但驾驶舱没有任何告警信息，飞机继续起飞。

事故结论被认为是“人为错误”，只要求改变程序，只发给飞机现在的运营商，而没有发布要求改变设计的适航指令。

21 年后，西班牙航空公司的 JKK5022 航班因为相同的原因发生事故，显然，西北航空公司的教训被忽略了。西班牙航空公司没有收到关于改进程序的信息，因为在西北航空公司 255 航班发生事故时，西班牙航空公司还没有使用这种飞机。

没有任何因素可以证明联邦航空局和麦道公司之间存在另一个“君子协定”，如果存在，在这么长的时间里应该很难证明，但该制造商在 DC-10 和 MD-82 设计缺陷方面的行为非常相似。

在西北航空公司和西班牙航空公司这两个案例中，所有的问题都指向了人为错误。然而，在西班牙航空公司的事故之后，ASRS 数据库中的搜索显示，有 400 多份报告显示飞行员没有设置襟翼。数量巨大，原因明晰——飞行员确信构型警报系统正常工作。但是，1987 年构型警报系统没有正常工作，2008 年又发生了同样的事件。

由于因果关系链非常复杂，完全重现因果是极不可能的，所以从事故中学习并不意味着试图避免最后一起事故，但是，学习不应该只解决重复发生的事故，还应该了解导致不同事故的根本原因，这包括已经发生的事故。在不太可能重现以前事故的情况下，有理由认为——在这个不可重现的过程中已经损失了一些东西。

最后，2009 年发生了另一个可能与设计有关的典型案例（AF447 航班）。

飞机的某个传感器在大西洋上空结冰，并向飞机发送错误的信息。飞行员对这种情况感到很困惑，在两台发动机和飞行控制装置都在工作的情况下，飞机下降 10000m，坠入海里。

除了受传感器结冰的影响，还有一些因素增加了飞行员的困惑：失速时没有声音报警，这与人的直觉相反，这并不意味着情况的改善，而是恰恰相反。当飞机速度超出了设定的合理范围时，系统会保持沉默。同时，当飞机开始恢复，但仍处于非常低的速度时，它又会响起。这就出现了一个荒谬的情况，警告意味着恢复，而沉默则意味着危险。

此外，侧杆没有提供任何运动反馈，不会通过压力告知飞行员飞机出现了问题。此外，两边的侧杆都是独立的。因此，在黑暗的驾驶舱中，不驾驶的飞行员无法看到对方拉动侧杆，无法进行恢复。此外，当每个飞行员都在不同的方向上操作其驾驶杆时，噪声和压力很容易造成失去输入不一致的指示，官方认为事故原因是缺乏培训（常见的原因），尽管运营商法国航空公司对此颇有微词。

一些专家，如 US1549 航班事故中的飞行员萨伦伯格（Sullenberger），提及这种事故在波音飞机上发生的可能性会更小：除了旧式的空客 A300 和 A310 之外，所有的空客公司机队都使用了电传操纵系统——在飞控装置和操纵面之间没有机械传动。因此，即使作用力传递至飞行员，也不会有任何反馈。

当波音公司在波音 777 和波音 787 机型中使用电传飞控系统时，保留了液压反馈，其目的是通过压力提供反馈，类似于波音 767 飞机上的反馈，当然，在电传飞控系统完全失效的情况下也有液压备份。那么，对于波音公司的飞机，这是一个额外的功能，而不是旧系统的副产品，就像在没有电传飞控系统之前的飞机设计。

这意味着在波音飞机上，机械的复杂程度更高，而空客公司只是接受了这种情况；也就是说，由于飞控装置和操纵面之间没有机械传动，没有人期望通过操纵面获得一些飞行控制的反馈。

因此，这些制造商之间的区别是，波音公司将控制力作为一种可信的信息反馈，或者说是一种触觉警报。通过飞行控制感知的压力可以提示飞行情况，但空客机型的侧杆（类似于电子游戏的操纵杆）不提供压力，因此，不提供这种信息反馈。

用事后者的眼光来看，很容易说在事故发生时飞行员应该知道怎样操作。有时，飞行员应知道无声的失速警告比有声的失速警告更糟，这样的事情是反直觉的。如果飞行员不知道发生了什么，我们称之为“缺乏训练”，而不是设计不当，这样的设计却影响了许多飞机。

缺乏培训，这个标签式的原因已经被多次批评，很多时候是一种维持事故发生之前局面的通用解释：

与事件关系密切的人由于缺乏知识或培训而不能适当地执行任务，或没有完成所需的任务。然后，该事件被归结为缺乏培训或知识。在培训手册上多写几行文字就可以解决问题，避免这种事件再次出现。

当然，这并没有回答主要问题，下面的章节中尝试回答这个问题：

为什么没有接受过必要培训的人在执行任务，使这种缺乏培训的情况显而易见？“缺乏培训”的标签说明，培训经理不是懒惰就是无能，或者两者都有，但很多时候这不是原因。

简单地说，没有人预测事故，因此，没有人接受过这方面的培训。那么，在称其为“缺乏培训”之前，必须通过一些言辞狡辩，其中最常见的是试图从广泛的类别中推导出它；也就是说，如果一项法规规定，除非身体原因，飞行员必须始终保持对飞机的控制，而飞行员失去了控制，答案就是缺乏训练。

没有一个统一、连续的培训大纲，指出必须事先了解培训的内容，以应对每个可能发生的事件。相反，教学大纲随着新的和不可预见的事件发生变化，增加了培训内容，但同时，基于通用的培训要求，不可预见的事件被归咎于缺乏培训。

很多时候，如果飞行员了解一些情况，事故就不会发生。然而，指出缺乏培训和改变教学大纲以包含新出现的情况虽有效，但也可能失效。同时，这对于预防不可预见的事件完全无用。

以 XL–888T 航班这个极其复杂的事故的官方报告为例，三个迎角传感器中的两个几乎在同一位置结冰，导致自动系统出现异常。尽管官方报告中承认这次飞行不是一次试飞，且机组人员有执照和资格，但在同一份报告中，官方仍认为他们不具备进行此类飞行的所需技能。

执行被认定为“非试飞”的飞行，应该具备哪些技术能力、经验和方法？这是否意味着换了一个机组就不会发生事故？

EASA CS–25 部（2018）中重复最多的一句话是：

不 ...... 确定本段要求的数据可能需要特殊的驾驶技术或警觉。

在不同章节，EASA CS–25 部对这句话多次重复，这是对设计者的一种提醒，即系统以及整个飞机必须适用于普通的经过正确培训的人。如果报告中没有明确指出是试飞，而且机组人员有所需的执照和资格，那么为什么要称其缺乏培训？

但是，这种情况很常见。系统总是寻找最有效的方法来防止事故的再次发生。

虽然对于这种情况应该在设计上有所存疑，但缺乏培训或人为错误通常是结束问题的最佳借口。

至少对于已经认证和飞行的飞机而言，应尽可能地避免重大的设计更改。监管机构试图通过不同事件进行学习。例如，1992 年，在法国的圣奥迪尔山发生了一起重大事故。

飞行员在设置飞行仪表时出错，该仪表可以交替设置为下降角或下降率。界面设计使得这种混淆很容易发生，当然，设置 4° 的下降角与设置 4000ft/min 的下降率有很大不同。因此，飞机的下降角度比预期的要大得多，在接近圣奥迪尔山时坠毁。

导致设备错误设计的规定是 CS–25.1329“飞行引导系统”。从 1989 年颁布的旧版《欧洲联合航空要求》（JAR）25.1329 至 2018 年 3 月的更新版，都称之为“自动驾驶系统”，从中可有所发现。

尽管标题有变化，但规则的主体部分并没有重大变化，其中一个变化直接指向了这起事故的根源（EASA CS 25 部，2018 年）。

（i）飞行引导系统的功能、控制、指示和警报的设计必须能尽量减少飞行人员对飞行引导系统的性能和操作的错误和混淆。必须提供指示当前操作模式的手段，包括模式、转换和恢复。

在旧版本的任何段落中根本没有“飞行人员的错误”这一表述，还可以发现另一个更微妙的变化。

当重要内容对监管者来说是清楚明白的时候，该法规就是明确、规范的。当重要内容模糊不清时，经常会发现一些不确定的表述，如“每个驾驶舱区域及其设备必须允许最低限度的飞行人员（根据 CS–25.1523 规定建立），在没有不合理的注意力集中或疲劳的情况下履行其职责”，或者含义明显模糊且消极的句子，如“尽量减少飞行人员的错误”。

约定俗成的方法给受影响的部分提供了明确的指导，告诉他们应该怎么做，以及什么时候设计符合规则或不符合规则。一种基于抽象目标的方法——错误的数量、疲劳或其他因素总是通过预测过去，即有关人员应该了解的知识来解释未来事件。

此外，这表明适航指令缺乏合规性。换句话说，通过措辞含糊的规定或以目标为导向的规定，其他领域也会出现类似“缺乏培训”的变化。

然后，监管机构试图从新的事故中学习，同时保护监管机构不受模糊问题的影响。当然，其中最模糊的问题通常是与人为因素有关的问题。

最后举例来说明这一点。监管机构为明确飞机必须加载的最低燃油量做出了重要努力。这个问题很关键，需要进一步解释。假设监管机构发布一个新的规则，要求“必要”数量的燃油量。从监管者的角度来看，这种措辞的选择是完全可以接受的，因为未来任何与燃油耗尽有关的事件都意味着运营者没有遵守规则；也就是说，事故本身将成为不合规的证据。然而，由于缺乏指导和明确的规定，这会给监管组织推卸责任大开方便之门。

监管的另一个主要来源是：技术的发展。以同一规则 CS 25.1329 为例，不难发现，可接受的符合性方法（AMC）与规则主体存在很大的差异。

虽然 JAR 25.1329 中对应的 AMC 只有 7 页，但 AMC 25.1329 的最新版本有 72 页。虽然规则主体很可能与某个重大事件相关，但 AMC 来自于两个法规之间发生的重大技术变化。较新的版本试图定义一些系统的要求，而这些系统在较老的版本并不存在，或者，如果存在，也是处于早期阶段。综上所述，多年来，航空业在业务量和安全水平上都有所增长。主要制造商一直在努力提高效率，同时声称要保持或提高安全水平。任何能提高效率的根本性变化，往往会被那些不想引入它们的人所拒绝。然而，由于运营商催促制造商提高效率，这些变化最终一次又一次地被模仿、接受和采用。

这造成了这样一种情况：主要制造商的新机型越来越相似，但由于开发时间更长，成本更高，制造商试图让其旧机型在市场上存活得更久。使旧机型保持服役的途径之一就是拒绝改变，以避免其机型过时。

同时，信息流来自各种相关的不同事件。这些信息可能会导致法规的改变，以及技术和系统方面的改变。然而，当一个严重的事件可能导致飞机的重大更改时，有一种倾向是大事化小，归咎于培训、人为错误或微小的更改。

当问题影响到新设计的飞机时，上述倾向就会减少。在这种情况下，更改更容易执行，因为它们不影响大量运营中的飞机。法规的变化并不只是以新的和明确的规定的形式出现，很多时候是使用基于抽象目标的不确定的描述。没有人能够完全确定是否符合规范，这也带来了一个副作用，那就是用微小的改动来维持一架经认证的飞机的飞行。

新机型会因为开发时间和成本的增加而被推迟。这导致了一个悖论：规章制度可以看作是组织学习的知识库，但是，这个知识库会延缓进步，而不是促进进步。

1.4 航空领域不断进步的专制主义

运营商、监管者和制造商是整个系统的主体部分。他们以及他们之间的关系可以让我们了解整个系统如何运作。这些关系虽然可取但却不一定有效。

运营商希望飞机在每个方面都尽可能地高效。他们向制造商施加压力，但同时制造商也知道在设计上冒险的代价巨大。监管机构试图在保证航空安全的同时，促进能够保证盈利的新发展。

此外，他们必须应对新的挑战，如不断增加的空中运输量，要求以新的方式管控拥挤的空域，更有甚者，他们还存在内部挑战，如协调来自主要监管机构，欧洲航空安全局和美国联邦航空局的规则，以避免规则的混乱。

通用或非定性规范的普遍使用促使设计人员使用多源标准（来自工程、军事和其他领域），以寻找具体的指导，而不是聚焦目标或要避免的事情。

这样的问题在于，除了面对多源的标准造成的混乱外，还在于这些标准适用的具体环境。例如，军事标准必须考虑在诸如部分物理破坏、特殊工作条件或缺乏资源等限制条件下的操作。因此，这些领域的标准过度严苛，其设计方案不适合于商业航空。

例如，MIL-STD-1472G（美国国防部，2012 年）标准并不适用于商业航空。

可调节遮光板适用于多种情境，可用来代替固定的滤波器，以保护暴露在武器系统、激光或其他强光源的闪光下的观察者。

也许机场附近使用激光指示器造成的事故频率可能会导致采用这种军标似的设计规则，但是，军标的目的是为了保护人们在敌对地区的相关活动。

除了这些与规则和规则来源相关的变化，个别事件——或称为“黑天鹅”事件，可以促使新的需求出现。例如，AF447 或 MH370 航班失踪事件。民众这才知道，飞行中的飞机并不总是显示在指挥员的屏幕上。这一专业人士的常识对于公众而言，很难理解。马航 MH370 航班将这种情况推至另一层面，甚至对许多熟悉航空的人来说也是如此。很快，一些本应明确的事情变成了要求：始终和实时地获知一架飞机在哪里飞行。

这是一个封闭的系统，不时有细节泄露给乘客和公众，而主要参与者则代表他们做出决定，安慰用户说："相信我们，这很安全。"

从技术和管理的角度来看，这种行为行之有效，特别是在一个普通用户甚至无法解释飞机如何飞行的领域。但是，从社会和组织的角度来看，这暗藏风险。

如果媒体或互联网将某一重大事件，说成是由隐蔽的决定或"君子协定"所推动的，那么以前不为人知的决定，无论好坏，无论明确还是可疑，都可能会导致人们的排斥。应该实行信息共享，而不是简单地在同事之间讨论，并将其限制在一个所认为的"安全"的地方。

应更公开地讨论 ETOPS 认证及其影响这类问题。在制造商、监管者和运营商之间讨论这样的主题，通常会推动技术上的正确决策。虽然将乘客排除在决策之外短期内可行，但如果忽视重大事故的潜在社会影响，那就太过天真。

在假定的风险下，技术决策的质量可以是正常水平。即便如此，对一些复杂的法规仍有保留，显然是为了通过创造一个含糊不清的场景来保留法规本身，而不是帮助用户。

然而，正如之前所讨论的，以非专业人士和记者的视角来看，重大事件似乎是重大的丑闻、不受欢迎的"热门话题"，甚至是可能被拒绝的好的技术决策。但主要从业者应该告诉民众，飞行意味着风险，尽管是小的风险，而不是让民众对这个简单的事实一无所知。

主要从业者可以证明他们的正确性，民众没有资格评估技术决策。但是，这就像医生不给病人发言权就对其健康做出决定一样，令人愤怒。

目前的体系让那些在封闭环境中做决策的人感到心安理得，但这种心安理得可能会付出很大的代价，尽管代价可能会来得比较晚。

DC-10 事故就是例证。所谓的"阿普盖特备忘录"是在土耳其航空公司 981 航班之前写的，它表明，"在未来的 20 年里，DC-10 货舱门的开启似乎是不可避免的，预计这会导致飞机失事"。这一警告被无视了，付出了极大的代价。麦道公司再也没有从 DC-10 事件中恢复过来，民用和军用航空领域的著名品牌就此消失。

其他决策，即使没有像 DC-10 决策那样存在明显的错误，但也会受到类似的威胁。如果一个与民众不了解的技术决策有关的重大事件发生，当下的组织网络能否阻止可能由此产生的舆论"海啸"？

在过去的 10 年里，上述两架失事的飞机（AF447 和 MH370 航班）清楚地表明，我们并不总是知道飞机的位置。这引发了航空业内部广为人知但不为公众所知的变化，因为公众对其深信不疑。

想象一下飞机在海洋上空完全失去动力所造成的公众影响吗？这在燃油耗尽或火山爆发引发的事件中已经出现过，这并不是由于缺乏对发动机可靠性的风险评估。锂电池对电力系统起关键作用的飞机的影响如何？一个重大的机舱失火事件？大规模的供电故障？软件故障？

每个航班都有关于紧急出口和氧气面罩使用的演示，但是否有人告知穿着短裤、短袖的乘客，如果他们已经身在高空，减压对温度的影响？完全不为乘客所知的潜在风险的清单只会更长。

人们对与自身安全有关的许多基本事实一无所知。这种做法对航空管理人员来说是可取的，也获得了整个航空业的理解，但它也带来了一个重大的、本可避免的风险：如果人们感觉危险已知，官方仍秘密进行，误导或掩盖，那么公众就会产生负面看法。

我们关注的是飞机的设计和与此相关的负面影响。然而，不能忘记，由于越来越拥挤的空域，空管领域也遭受了类似的影响。

这两个方面是密切相关的，因为管理拥挤空域的多种资源意味着，由于精度要求，飞行员不能在该空域内手动驾驶飞机。

这造成了这样一种情况：一些短期的和预期的技术决定，在实施之前应通过公众的审查。其他的则应明确告知，以便在重大事件发生时阻止虚假信息和阻止虚假信息的传播，并防止引发轰动效应。

如果不这样做，就会出现一个重大问题："不断进步的专制主义"使生活更加容易，但却不得不把一些可以预见的事件宣布为"黑天鹅"事件。

第2章 事件分析作为一种改进工具

导读：本章讲述了事件分析的三个方面：第一是事件分析的潜力和事件分析流程；第二是基于事件学习的周期；第三是基于事件学习周期的局限性。事件分析流程分为收集信息和事实、打破因果关系链，以及确定对事故负法律责任的责任方。基于事件学习的周期研究事件学习周期的不同阶段，可以定义为事件信息的不同阶段：信息收集阶段，基于安装的记录仪器或者相关人员进行信息收集；信息发布阶段，将相关信息发送给对事件原因感兴趣的行为者（事件的承受者）；信息使用阶段，形成旨在避免发生类似事件的决策。基于事件学习周期的局限性，研究了不同主导逻辑下的心智模型对事件学习的限制。基于事件驱动的组织学习能提高航空安全，因此事件分析是一种提高航空安全的工具。

如果用改进率来衡量，在组织学习的过程中，航空安全的表现令人印象深刻。1975年前后改进率开始渐进式下降。

发达国家事故率很低，如果发生一起重大事故，就会在曲线对应年份上显示一个峰值。

可以将航空业定义为一项主要由制造商、运营商和监管者参与的活动，参与者通过学习得到改进，但同时，学习过程本身也随着时间的推移而发生改变。最初，学习过程是事件驱动。在早期航空业，学习的目的是为了避免具有或可能具有负面结果的事故重复发生。

可以将这些事故理解为偏离预期的行为。这种偏差显示了一个问题：一旦识别出偏差，就应进行必要的改进以避免其重复发生。从商业航空最初开始，确定事件的原因就成为一个基本的改进工具。

尽管事件分析已是相关性分析，但以下两个相关因素促使相关组织纳入不同的信息。

（1）首先，随着时间的推移，飞机的尺寸一直增大。如果一架飞机发生事故，一起事故就会成为重大灾难，影响甚至达到600人之多。因此，参与者不能等到发生重大事件再进行学习。

（2）其次，重大事件的数量一直在减少，因此，从这些事件中学习的机会也在减少。

有两种方案已被广泛使用：

（1）在潜在事故发生前对其进行预测。在设计阶段进行学习，无论是设计飞机，设计其程序或是任何源于飞机的任务。

（2）通过报告系统处理轻微事件的相关信息。

然而，并不只是重大事件才值得分析。尽可能在设计阶段就防止重大事件发生，将小事件作为重大事件的前兆来进行管控。因此，根据小事件引发大事件的可能性来对其进行分析。

事件分析在安全改进中的作用主要表现在以下两个方面：

（1）事件分析的潜力和用途。

（2）基于事件的学习周期。

2.1 事件分析的潜力和用途

随着飞机尺寸的不断增大，事件的潜在严重性随之与日俱增。正因为如此，事件分析在整个安全系统中起着关键作用。一个重大事故可能是关键技术或管理程序改进的源头。

这种数据可以通过一些案例来表示，比如“协和”号飞机唯一的一起事故。

事故经过：在“协和”飞机起飞之前，一片金属片从之前的一架飞机上脱落，造成“协和”号飞机在将要起飞时轮胎爆炸。橡胶碎片撞击到机翼下部和发动机的进气口，导致油箱穿孔，两个发动机在起飞时发生停车。

这次事故首先导致“协和”号飞机更换了油箱，进而让这架维护和运营成本非常高的飞机退役——“协和”号飞机是唯一进入运营的超声速商用飞机。

同样地，在发动机着火时，错误关闭发动机的案例屡见不鲜，这导致在使用灭火器时需确认哪台发动机出现问题；像前文提到的圣奥迪尔山此类案例导致仪器设计相关规定的改变。

事件分析作为一种学习工具，广受专业技术、哲学甚至心理学等不同领域的认可。

马图拉纳（Maturana）和瓦雷拉（Varela，1987 年）指出，与人们对机器未发生故障时的描述相比，机械故障更能揭示其有效的运作。从另一个角度来看，马图拉纳和瓦雷拉的观点是实践派的，即以异常为出发点来获得关于正常功能的相关结论。

据推测，这种方法更适用于工程以外的实践。人们认为飞机制造者应对飞机具有全面的了解。这应该是一个非常不同的情况，有自然不可预测的因素。然而，这并不是事实的全部：设计师仍然对用户交互产生的影响以及由设计本身的不可预见和计算错误产生的问题而感到惊讶。对交互设计应像对其他要素一样仔细，否则潜在错误会因为不当设计而引入。

关于设计本身，诸如德·哈维兰（G. de Havilland）中的“彗星”号飞机的案例表明，在设计过程中可能遗漏重要因素。而对事件的分析可以使这些因素显现。

在哲学领域，卡尔·波普尔（Karl Popper）提出了证伪原则。波普尔认为，对于假设而言，证明其可行并不能证明假设正确，真正的证据应证明它不可能是错误的。通过这种方式，波普尔试图抨击人们接受表面上看似可靠的选择的倾向。

在实践中，使用这一原则需要人们将同样的精力投入到被排除的方案上，这是避免“一孔之见”的一种方法，但不一定是正确的决策。

因此，如果有足够的信息重建过程，事件分析对于突出过程中不完全的信息尤其有用。就商业航空而言，重大事故造成破坏严重，致使收集信息困难，因此需要提供特定的资源。

有时，在寻找事故原因的过程中，对某一事件的分析会形成高质量的试验设计，但也会导致成本高昂甚至招致个人风险。最具代表性的案例可能是德·哈维兰的“彗星”号。该飞机是世界上第一架商用喷气式飞机，没有人知道它在巡航高度上爆炸的原因。

在调查的第一阶段，在发生爆炸的地点进行飞行，技术人员扮作乘客，携带降落伞和氧气面罩。然而，在这些飞行中，飞机没有加压也没有观察到任何异常。据调查显示，加压是事故的根本原因。一旦怀疑故障是由于加压系统对机身施加压力所致，调查人员就把飞机停在地面，在预设条件下向机身注水，反复排空。

对这种现象作简单解释如下，假设给瓶中的气球充气和放气，如果瓶子厚度不够，就会由于压力过大冲破瓶子。“彗星”号的窗户很大，乘客的视野更好，但是这些窗户导致结构强度降低，这是其破裂的原因。

若有可能，可通过计算机进行模拟，而不再需要上述的详细试验。但在当时的情况下，工作人员发现在试验中产生了与事故飞机相同的结构失效，原因是金属疲劳。

虽然进行了一些更改，但新发现不仅用于“彗星”号的改进，还用于各个厂家制造的新型喷气式飞机中，而如果没有这些发现，这些飞机就会遭到同样的噩运。

还进行了其他相关风险试验，研究大型飞机飞行引起的湍流或对 ATR 飞机结冰的影响。

在第一个案例中，在飞行过程中用两架不同尺寸的飞机进行测试，较小的波音 737 飞入较大飞机的尾流中，检查其对波音 737 飞机可控性的影响。该试验排除了这种可能性。多年后，在一次航空业最长的事故调查中，发现了飞机方向舵设计问题。

与这个试验非常相似的是 ATR 飞机结冰试验。试验中，一架飞行中的飞机向 ATR 飞机泼洒冰水，以验证其影响，以及是否可以揭示事故飞机突然失控的原因。试验结论是，副翼上的冰层导致飞机产生突然难以控制的偏转。

在事故调查中定期进行较小规模的试验，将记录下来的飞行参数输入模拟器中还原。尽管这并不总是有效的解决方案，但它有助于弄清许多事故的原因。

还原事件很重要，因此需要构建能在高损毁事故中保存信息的设备。随着时间的推移，这几乎可以解释在商业航空中发生的所有事故。

很明显，从事件中学习的前提是事件已经发生，在重大事件被解释清楚之前，人们会一直感到不安。因此，探寻原因的动机非常强烈。小事件则受不同的规则影响：

除非事件非常重要，否则报告和调查的动机就会降低。如果该事件是报道者的责任或报道者害怕报复，这种趋势还会增加。

有这样一个重要的事实：人们普遍认为无论事件是否导致重大事故，根本原因可能非常相似。小事件与大事故的比例为 300 : 1，即每 300 个小事件中就会引发一起大事故。

根据这一原理，捕获小事件就能防止大事件的发生。报告系统的设计正是为了获取这种信息，它们总是试图解决保密和责任的问题，但成功率并不相同。

随着时间的推移，系统虽可从事件中学习，但是之前就存在这种情况：任何领域，当它充斥着不同层级的体验者和不同意见者时，都有可能发生意外。该系统试图从事件中学习，而试验或技术冒险必然会导致新事件的发生。

然而，事件在早期阶段发生的概率要低于后期。在航空领域，一旦普通人成为用户，飞机的运营规模就会越来越大，对许多用户来说漂洋过海成为了一件微不足道的事情，就像乘坐没有中途站点的长途巴士旅行。不允许再次出现事故，关注的重点也改变了，是要避免事故的发生，而不是从事故中学习。

当然，没有人否认这种变化的合理性。如果把空客 A380 或波音 747 打造成一架完美的飞机，需要从三次坠机的事故中学习借鉴，发生这样的大事故是不可接受的。飞机出厂时必须能充分避免事故，如果可能的话，就像空客 A340 那样，在没有造成任何飞行事故伤亡的情况下停产。

因为有数千架运营飞机都能运送数百名乘客，所以如今一个事故产生的影响比以前更大。当普通乘客认定飞行是一项微不足道的无风险活动时，影响就更大。

因此，与事件相关的目标从一开始就变成了“应避免发生事件”，而不是避免重复发生事件。下文将描述这一变化对学习能力的巨大影响。

2.1.1　对故障的追寻

以修正已知故障为核心的学习模型只适用于一种环境，即在这种环境中有多种因素，这些因素单独存在时就会造成严重事故。

在早期商业航空中，多种因素叠加会产生下述影响。理论上，事后分析很容易，但在破坏程度较高的事件中，由于缺乏储存信息的资源，其工具利用方面存在困难。只要能搜集到信息，就有很多机会可以找到简单的答案，以回答“什么失效了”的问题。

问题关键是重构事件，即不随便假设，而是重现事故发生前的事实。即使涉及的因素很少，这也可能会使事故调查变得困难。

如果当时存在飞行数据记录仪（FDR）和驾驶舱语音记录仪（CVR），就很容易弄清像德·哈维兰“彗星”号空中爆炸这样令人震惊的事故。

另一起被称为“斯泰因（Staines）航展事故”的重大事故原因清晰，其原因并不是基于对事件的假设和对油门杆位置的推测。事实上，正是由于调查这一事故的可用资源稀缺，推动了提供缺失信息的技术的发展。

一旦环境变得更加复杂，第二个模型就出现了，这个模型的基础是：任何单一的因素都不会引起事故。当然，像“彗星”号飞机这种空中爆炸事故可能在没有其他因素参与的情况下发生，但是，爆炸不是由单一因素造成的，而是多种复杂因素相互作用的结果。这催生了新的模型，即以打破因果链为中心的模型。

2.1.2 打破因果链

事故是由于不同因素之间复杂的相互作用而产生的。詹姆斯·里森将这种方法推广为“瑞士奶酪模型”。不同的障碍物产生的“漏洞”（问题）如果聚合在一起，可能会导致事故。

实际上，由于并不存在单一原因以及复杂多样的因果链，特定事件重复发生的概率非常小。正因如此，专门用于避免特定事件重复发生的安全方案并不完备。情况发生了变化：事故调查不再是为了防止概率极低的事件重复发生，而是试图打破那些可能会导致不同结果的复杂因果链，而不仅仅是那些已经发生的事故。

同样的道理，一个终极事件可能隐藏了多种原因。例如，过去发生的跑道碰撞，预计还会继续发生。但在不同情况下，即使不同的过程可能导致相同的结果，但过程中的“漏洞”组合并不相同。

商业航空史上最大的事故发生在特内里费岛的洛司·罗迪欧（Los Rodeos）机场，两架满载乘客的波音 747 飞机在跑道相撞。

几年后，在马德里机场又发生了跑道相撞事故。但是，导致这两起事故的过程并不相同，“跑道相撞”这个标签并不能提供任何防止未来发生这种事故的线索。

在这个过程中，不是解决跑道相撞的问题，而是找出根本原因。虽然不一定能避免全部跑道相撞事故，但是了解根本原因有助于避免部分跑道碰撞，或许还有助于避免其他事件。

在洛司·罗迪欧和斯泰因事故中发现了一个问题，即权利梯度。如果认为该因素是造成两起跑道相撞事故的原因之一，那么它也可能是其他类型事故的背后原因。

与此同时，理论上，即使可对该问题进行完美的管理，但也不足以防止所有跑道相撞（洛司·罗迪欧机场事故）和起飞后所有的失速情况（斯泰因事故）。

当然，仍然可以找到非常具体的、重复的、与原始事件有相同原因的事故——例如，土耳其航空 981 航班或西班牙航空 JKK5022 航班事故。

土耳其航空公司 981 航班事故发生在美国航空公司 96 航班事故之后，当时该机已经发现了设计缺陷却没有纠正。土耳其航空公司的这次事故不仅表明对前一事件的研究不充分，而且暴露了监管机构和制造商更深层次的组织问题。21 年前，西班牙航空公司在底特律曾发生相同的系统失效事故。由于该系统被列入最低设备清单（MEL），所以在调查中出现了一些问题，导致相同的事故重复发生。

这些案例以及“挑战者”号和“哥伦比亚”号航天飞机事故，都引发了对组织学习模式的质疑，表明是该模式出现了问题。

在这些案例中，可以肯定对原始事件分析不当：可能是对事故发生的要素识别有问题，但最可能的原因是对该要素重要性评估不足，从而未能采取充分行动，防止事件再次发生。组织因素和相关压力在事件重复发生中起着重要作用。

将首次分析作为事件来处理，发现组织不能从首次调查中吸取经验教训的原因，以及首次调查毫无用处的原因。

目标是打破因果链——目标更为广泛而不只是避免重复，并催生新的研究模型。这些模型试图支持两个事实：

（1）在复杂的系统中，系统中单个部件的故障可能会引发不可预见的相互影响。例如，一个发生故障的传感器可能会触发自动流程，导致混乱。此外，即使系统的每个部分都表现得符合设计预期，也可能在意想不到的情况下导致负面事件。

（2）由于培训和任务分工问题，操作或管理系统的人可能无法在系统触发事件之前预测、感知或甚至发现这种单个部件之间的相互依赖关系。

对事故潜在原因的系统性研究，催生了不同的调查方法，以识别和确定潜在原因。众所周知的模型，如威胁与差错管理（TEM）、蝴蝶结风险分析法或人为因素分析和分类系统（HFACS）等模型都是很好的例子。

遗憾的是，正如一些失败的调查所显示的那样，调查并不总是触及根本原因，而是以最接近事件操作者的行为作为结论。

前文提及的 HFACS 模型是以图形显示这种情况的发生（见图 2–1）。

该模型有五个不同的层级，一旦确定超越这个层级不能获得任何有价值的信息时，调查可以在任何一个层级上停止。如果调查停止在“不安全行为”层面，结论将总是指向不同的人为错误。这样一来，它下面的层级就不会被触及。

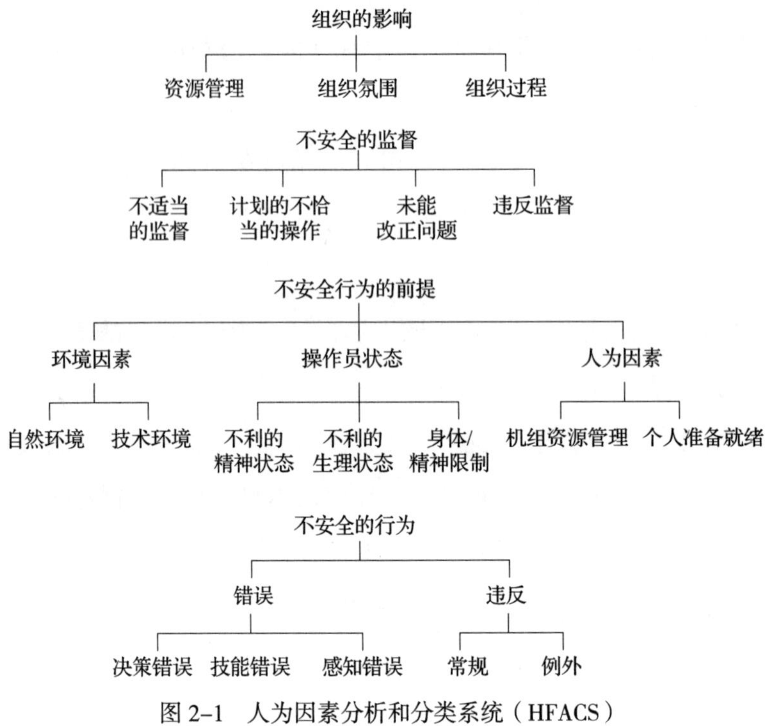

图 2–1　人为因素分析和分类系统（HFACS）

观察该模型的较高层级会发现，这些级别与不同的管理流程有关。这应该是许多组织停留在“不安全行为”层级的原因，这可以解释为什么许多事故通常被归咎于操作员。

如果分析超出了第一层级，就可以得到不同的结论。那么，模型可以确保断开因果链，但在某特定层级，不当地决定了停止会破坏模型的潜在作用。停止规则一直是人工智能发展的一个主要问题。当信息由人处理时，人们对同一问题会有不同的观点：这不是一个迭代的、无休止的过程，而是一个有限过程，即超过特定点，不会对问题产生有用的结果。

如果在比所需更高的层级上停止分析，就会导致结论零散，不会带来实质性改变。此外，还会使调查变成一种行为艺术。那么，怎样才是正确的分析层级?

如果重复发生的事故具有相同的组织型根源，这说明分析工作没有达到要求层级。同时也发现一些案例中单起事故就导致重大的组织变革。值得一提的案例是安大略航空 1363 航班事故、英国皇家空军“猎迷”侦察机事故和南极埃里斯伯火山飞机事故，这三个案例是航空调查的优秀案例。

在这种情况下，这不仅是方法或资源的问题，也是选择正确关注点或组织链接来进行分析的问题。重复的事故充分表明首次分析效果不佳。

2.1.3 法律责任的确立

由于航空业的发展及其新的要求、更大的飞机、拥挤的空域导致事故分析的重点已经发生改变——所有这些都可能增加单起事故的严重性。

由于飞机存在设计或维修故障，空中交通管制员的错误指令或飞行员的不当理解，或在飞行的任何阶段做出的错误或不当决定造成的灾难会导致重大赔偿。

因此，有必要确定损失责任负责人。此外，为了飞机未来的改进，都需要对事故进行详细重建。埃及航空 990 航班的事故重建是事故责任分配的里程碑：

一架波音 767 坠入大西洋，当时原因不明。对飞行记录和残骸的分析产生了相反的结论。

埃及当局坚持认为是技术故障。另一架同一时期生产、由劳达航空公司运营的波音 767 飞机，在前一起事故中损毁，原因是两台发动机中的一台发生非指令性反推。

然而，调查发现了一系列事实，这些事实证明了事故是人为的：

（1）在飞机开始垂直下降之前，驾驶舱里只有一名飞行员。

（2）当机长重新进入驾驶舱并试图恢复正常飞行姿态时，另一名飞行员的行动与其相反（找到的方向舵的位置可证实）。最后，飞行员切断了发动机燃油。

航空公司自杀式飞行员对乘客的潜在影响导致埃及当局试图辩称是技术故障（这可在官方报告中找到）。然而，飞行事故数据记录仪上的数据很快就推翻了这一说法。

埃及当局声称是技术故障，依据是另一架在事故中被毁的同期制造飞机，产生了同样的技术故障。同时，当局否认了飞行员在祈祷“我相信真主”的事实，因为这是虔诚的穆斯林教徒的常见行为。然而，驾驶舱语音记录仪中的一个事实却被遗漏了：飞行员连续说了 11 次“我相信真主”，其中最后一次是在切断发动机的燃油之后。

通过对全部可用数据的分析，对埃及当局判断的可信度提出质疑。然而，也有值得称赞的地方：他们在官方报告中提及了不同的观点，并给出支持不同观点的原因。还有许多其他案例，观点并不相同，并对其差异进行了解释。

最近（2015 年），德国之翼航空公司 9525 航班事故原因也与其类似，该事件从“9・11”事件中吸取了教训，因为在“9・11”袭击后要求飞机驾驶舱安装安全门（机长进入卫生间，副机长锁门自杀）。这两个案例的不同之处在于，在第二个案例中，没有人否认自杀。责任的确定常有悖于学习过程。此外，在某些情况下，责任可能是明显相反的。

首先，事件潜在知情人可能同时通过其行为对该情况产生影响。因此，几乎不存在为自己作证的动机。其次，需有资源来重建事故，相关合作人员可能非常可疑。

责罚措施的存在意味着人们越来越倾向于遵守法规。通常情况下，如果有一套可以适用于事件的法规，人们也是责任方。行为人的角色和事件控制会受到法规限制。

这种限制并不是负面的，但由于调查事件分析系统日益复杂，法规可以发现一些显然可以预见的“意外”情况。许多情况都证明会受此影响。一旦有人选定了某个选项，就很难发现不同的决定会带来什么后果。

相关的正反例如下：

（1）正面案例：“协和”号飞机唯一的一起事故发生在飞行员按照规则起飞后突发重大问题，该问题出现时飞机的速度已经超过决断速度。结果是飞机损毁，乘客全部死亡，以及几名地面人员死亡。

如果飞行员决定不遵守规则而留在地面上呢？一旦做出这个决定，无人知晓另一个决定是否会是一场大灾难。如果该飞行员幸存，他则需要对事故负责。

（2）反面案例：西班达斯 995 航班，在决断速度后飞机出现严重振动，飞行员确信飞机无法飞行并中断飞行，才意识到没有足够距离让飞机着陆。飞机被大火烧毁，一些乘客死亡，其中许多人因返回已经撤离的飞机而遇难。

随后调查显示，问题来自于前起落架，飞机可以飞行，一旦升空，起落架振动就会消失。

问题是，对飞行员来说极端振动是未知现象。正如官方报告确定的，飞行员不知道是由于机轮、飞控还是结构结构系统产生的振动。

“虽然中断起飞不符合标准操作程序，但在本例中是合理的，其依据是机组人员不得不面对非正常情况，可用于决策的时间很短，缺乏机轮故障时的培训，以及在发生发动机以外的故障时没有起飞程序。”

US1549 航班案例也发生了类似的情况。在 20000ft 以上，飞机会完全失去动力，但飞机没在起飞后立即丧失动力。飞行员应该对照很长的检查单进行检查，然后在机场降落。即使模拟飞行显示飞行员在失去动力后立即降落可能会成功，但事实表明这并不可能。

美国航空和西班达斯航空的案例在飞行员责任方面显示了一些有用的信息：在第一个案例中，有可能通过模拟得出另一个决定的后果。在第二个案例中，拒绝起飞的原因很容易理解。

“协和”号飞机的情况更为复杂：如果飞行员决定留在地面，有谁能肯定飞机起飞后会无法像事故中那样进行紧急降落？

虽然现在的事实已经清楚地表明，这种情况并不存在，但如果做出相反决策就会很难确定。这可能使法律责任界定变得非常困难。商业航空领域事件的调查和司法部所做的调查目标并不相同。前者的目的是学习和提高安全性，这是许多事故报告中明确的目标，这也是国际民航组织附件 13 中确定的内容。后者的调查则是确定责任。

这些不同的目标可能导致冲突，当局以不同的方式解决冲突。在航空领域，事故调查（至少在理论上）是由独立于航空管理局的组织进行。

同样的原则也适用于报告系统。美国有很好的相关例证：国家航空航天局（NASA）航空安全报告系统 ASRS 并不依赖于联邦航空局（FAA），而是依赖于 NASA（一个不服从 FAA 的组织，也不受制于 FAA 的压力），并建立了一种非惩罚性的方法。

因此，许多事件都是由那些可能因为事实而受到惩罚的人报告的。在这种情况下，报告最强烈的动机恰恰是为了避免最终的惩罚。

在航空领域，关于信息的使用及其影响的问题已经解决或正在解决之中。然而，当涉及从司法部门获得事故调查数据时，情况就有所不同。国际民航组织在附录 13 中规定了一些调查中使用数据的建议。例如，它规定调查记录只用于调查，但同时，国家指定的机构可以要求获得这些记录。简而言之，在许多国家，法官可以要求获取调查委员会处理的所有文件。同时，法官的决定不受委员会结论的限制，委员会的作用相当于技术顾问。当然，任何与官方报告结论相矛盾的观点很容易受到攻击，但无论如何，很容易理解这两种环境中职能的差异。

这会产生一些副作用，如果某些组织预见一个事件可能导致刑事调查，将停止旨在改进的内部调查，并要求提供调查中的所有数据。

除此之外，在某些情况下，可以要求进行破坏性试验，但如果要损毁的事物须作为听证会上的证据，为保持完整，可由法官制止破坏性试验。

这是一场各国存有差异而无法解决的冲突。当不需要对事件的后果进行刑事调查时，航空领域就会尽力保证数据的机密性和恰当使用。各国发展水平不同，但许多国家都能找到较好的解决办法。

另一方面，如果需要进行刑事调查，则会破坏证据的保密性。因此，这些信息不会在重大事件中公开传播。

总之，技术方面（飞行数据记录仪、驾驶舱语音记录仪、空中交通控制记录、模拟器等）和社会方面（报告制度、非惩罚性的政策等）都有很好的信息资源。但在某些情况下，系统激励可能失效。

2.2 基于事件的学习周期

正如已经指出的，在最严重的事故中产生的损害已经迫使人们开发记录设备和信息通道，以及大量使用统计信息来做出风险决策。

不同的阶段可以用来定义事件的信息生命周期。首先，在严重事件中，信息的收集将基于已安装的记录设备，而在微小事件中，则需要行为者的合作来确定潜在危险。

之后，相关信息必须发送给对事件原因感兴趣的行为者（事件的承受方）。最后，事件和后续分析可以形成避免未来类似事件的决策，如果不能避免这类事件，就尽可能地减少影响。每个阶段的信息生命周期如下。

2.2.1 信息收集阶段

只有导致事故发生的事实信息充分可靠，对事件的分析才切实可行。

因此，已开发的设备和操作程序的目标是重建事故发生前的行动，通过这种方式来确定事件原因。如今，商业航空中不明原因的事件极为罕见。

通常，事故报告包括录音记录、驾驶舱内的对话和无线电及数据传输数据。当需要时，调查将包括发动机动力参数、位置等记录。

在飞机之外的调查包括机组人员的法律状况、培训、活动记录、维修记录、注册情况和关于飞机的各种数据和已确定的设计缺陷。

最后，事后对飞机的物理分析，再加上上述所有信息，通常不会留下质疑的空间。

飞机上的记录设备，即“黑匣子”，由两个部分组成：一是飞行数据记录仪（FDR），记录航向、速度、飞行高度、垂直加速度和麦克风的使用以及其他事项；二是驾驶舱语音记录仪，自 1966 年起在飞机上强制使用，重约 9kg，记录驾驶舱内所有声音，可承受 30000kgf① 的冲击，防火能力很强。

调查允许收集信息，可以直接或通过模拟器引入已知参数，观察模拟效果以获取额外的信息。

此外，收集数据并将其转化为统计信息也是该过程的一部分，即使在这种情况下，这种做法更多地是为了做出基于风险的决策，而不是对具体事件进行因果分析。

相关重要设备的冗余度或使用设备的授权权限是根据概率计算得出，而概率计算又根据事故中获得的信息而构建。

以下是使用统计信息进行基于风险的决策的三个案例。

（1）案例 1：美联航 UA232 航班 DC-10。在 DC-10 中安装了三个独立的液压系统，假设三个系统同时发生故障的概率低于灾难性事件发生的概率（10 亿分之一）。

在案例 1 的设计过程进行计算，来自这一事件的信息将用于调整计算。UA232 航班案例表明，三个系统可能同时失效，并迫使对假设进行彻底修改。

案例 2：双发飞机跨洋飞行的授权。这种授权是基于对技术措施和统计记录的要求，检查发动机的实际可靠性。考虑到这一目标，即使是与正常情况的微小偏差也会记录下来，以便提前发现特定发动机的故障趋势。

如今，绝大多数大载客量飞机都只配备了两台发动机，已证明可以进行跨洋飞行；单发失效意味着飞机载着大量乘客在海洋上空飞行，仅依靠一台发动机需要保持飞行超过 6 h。此外，根据统计分析这个时长一直在增长。

这类决策取决于不断收集数据，最终可能需要修订。奇怪的是，正如前文提及该系统可能受到自身成功设计的影响。因为该系统目前可靠性很高，很难收集足够的案例做出有效的样本，因此要确定单发的真正可靠性，需要额外的努力来维护双发飞机的飞行。

鉴于此，认证机构要求在这些情况下——由于单发故障仅剩下一台发动机提供

① 1kgf（千克力）≈ 9.8N。——编辑注

动力的双发飞机——其工作发动机不应超过压力和温度的正常工作参数，也就是说，发动机不应超过最大连续推力（MCT）的规定值。

（2）所谓的飞行数据监测（FDM），类似于 ETOPS 记录，但扩展到发动机以外的系统，是基于使用记录设备来存储统计信息。与 ETOPS 不同，该设备不会错误识别信息。可以通过记录小事件和趋势来确定一个特定机队中经常出现的问题。

连同记录设备和统计处理数据的收集，自主报告在信息收集方面发挥了主要作用。录音设备无法避免两个问题：首先，录音分析耗费精力，其次，只有当事件亟需重建时才进行录音分析。记录设备和报告系统都是存储介质，如果没有分析，就毫无用处。此外，记录系统是自动的，但报告系统必须设置其使用动机。

如果有新的情况，但没有被系统记录为异常情况，则有可能不为人知，并造成严重的后果。如果没有相关人员的自主学习行动，也不会有什么学习效果。如果没有报告者的积极参与，多数相关的案例可能会丢失。

这些事件的信息是有价值的素材，但存在三类障碍，其中两类障碍已经明确确定并得到了有效管理。第三类鲜为人知，在未来几年可能会尤为重要：

（1）惩罚措施类：信息提供者如果参与其中，可能会隐藏信息。

主要的监管机构已经认识到这个问题的重要性，解决方案是优先考虑改进而不是承担责任。只要事件不会导致刑事责任，就可以做到这一点。

当然，这种做法会导致一定程度的欺诈——也就是人们通过报告来避免处罚。然而，与隐藏信息的后果相比，这个代价仍然很低。

（2）保密类：报告者采取匿名报告的原因很多。任何报告系统都应该具有保密性，但即使得到正式保证，报告中的信息在某些情况下也足以识别报告者。如果这种情况发生，或者可能发生，重要的信息就会丢失，特别是这些信息主要针对那些可能对报告者进行报复的管理者。

（3）“琐碎”问题类：报告的动机随着被报告的问题的重要性、报告过程的长度以及报告复杂性增加而减少。常见的故障通常不再进行报告，特别是这些故障并不影响报告结论或是不会促进改进。

未报告的“琐碎”问题是，可能用错误的信息做出了重大决定。常见的说法是 80% 的事故来自于人为因素，但这种说法，不管是正确的还是错误的，都不是全部事实。要了解实际情况，应该回答两个问题：

（1）通过人为干预可以避免多少事故？

（2）有多少人为错误来自混乱的设计？

人为干预并不是英勇行为、特殊行为或生死攸关的重大问题。因此那些没有报告的琐碎问题可能会预防那些会导致重大事故的问题。

此外，以界面为导向的设计只可以从表面上显示容易处理的系统，但用户对其内部复杂性完全未知。这种内部复杂性会导致混乱和相关错误。这种情况已有很多例证。

“80% 的事故来自于人为错误”的说法导致人们忽视了前两点，一些决定可能是基于错误的假设做出。例如，一些航空管理人员开始公开谈论将某一名飞行员调离的可能性。

如果对此事认真评估，戏剧性的事件比如昏迷、心脏病发作等会是调离原因，但是，小分歧、争论、其他飞行员的失误以及其他微小事件（通常都未报告），更不会被纳入决策参考。

当然，这并不只影响飞行员。在航空安全报告系统中可以找到大量由管制员形成的自动化问题。在每个案例中，乘客离机后，都确信是进行一次普通的飞行。实际上，只看结果确实是普通飞行。然而，多数情况下，飞行转换为普通的飞行只需要很少的非标准操作，这不仅是一个避免人为错误的问题。如果在非标准的情况下，飞行变成了普通飞行，那是因为人类发挥了积极性，而解决系统隐藏问题的程序远远超过了标准操作程序（SOP）。

因此，尽管获取信息的资源（技术性和非技术性）都明显得到了改善，但其他方面仍有待改善，主要是那些不太引人注意小事件（无论是否正在发生）。以下作为小样本事件，不具有统计学上的有效性，而只是为了解释这类现象，从航空安全报告系统数据库（2019 年）中抽取的案例如下：

（1）波音 767-300 的副驾驶报告，在接近西雅图（SEA）时收到了明显的虚假无线电高度（RA）告警；之后，空中交通管制员向他们保证该地区没有报告飞机飞行。

（2）航空公司机长报告，在接近伯明翰（BHM）时收到了近地告警（GPWS）发出的地形告警，这可能是错误的告警，也可能是由于飞机下降太快而接近地面。

（3）航空公司的飞行人员报告，在飞机左下基地着陆飞行，在 TYS 23 L 跑道目视进场时，发出“地形障碍，拉起”增强型近地告警。

（4）波音787飞机的机组人员报告，由于在一次维修行动中，起落架放下超速告警被置于“起落架放下”位置，起飞后机组人员无法加速或爬升到正常高度。这是一个错误的告警，所以在咨询了地面人员后，他们得以继续飞行并正常降落。

（5）波音737-800副驾驶报告，在飞行高度层（FL）360收到虚假的交通警报，而该地区没有飞机飞行。

（6）空客A321航班的机组人员报告，收到声音告警和源自飞机电子集中监视系统（ECAM）的“后部货舱起火”告警，后变为“后货舱烟雾”告警。机组人员选择转场降落作为预防措施。由于没有关于“货舱起火”程序，只有关于“货舱烟雾”程序，所以实际指示和检查单内容并不一致。

（7）一架A321飞机在目视气象条件（VMC）下降落在FLL28L跑道上，当飞机越过跑道入口，关闭油门准备降落时，收到了进地告警系统的告警。报告者怀疑，跑道进场端的55ft高架桥和其“海堤”式支撑结构导致了错误告警。

（8）当飞机开始进场时，MD-82机组收到了一个航位推算（DR）告警，他们从GFMS导航切换到原始数据。在仪表着陆系统（ILS）和目视进近坡度指示器（VASI）对中并看到跑道后，他们收到了EGPWS地形告警，他们消声并安全降落。当时飞机上出现告警：导航显示屏显示飞机在跑道右侧。

（9）波音737-800机长报告，在巡航飞行中出现了间歇性发动机起火假告警。在与地面人员协商后，航班继续飞往目的地。

（10）波音737-700机组人员报告，在波士顿（BOS）27号跑道两次进场时收到了错误的风切变告警，且提示这是一个已知的问题。

（11）波音737机组在从旧金山起飞后，在1200ft处收到了空中防撞系统（TCAS）无线电高度告警，并试图遵守该告警。飞机与目标保持同一高度，在GPWS发出“不要下沉”之前，ATC回答空中没有飞机。因此TCAS告警被忽略，并在3000ft处完全停止告警。

（12）一架波音757-200的机组告警系统（EICAS）在起飞后发出告警，但机组在完成快速检查单（QRH）后确定这是错误告警，并在机舱完全加压的情况下继续向既定目的地飞行。

（13）巴航莱格赛（Embraer Legacy）550航班机长报告，起飞后两台飞行控制计算机（FCC）和两台姿态与航向参考系统（AHRS）计算机同时发生故障，导致飞机恢复至直接模式操作飞行控制，并飞向另一个合适的机场。

（14）MD-11 机组人员报告中央空气数据计算机在低于目视条件下巡航时发生故障。

如果包括空管和机场处理的问题，还会有更多的案例，一个没有意外的普通的飞行，其实并不普通。

上述案例都显示了人在系统作出决定时普遍丢失的重要信息，也是下面几章的主题。

很多时候，自动化故障、传感器故障或控制问题都是利用系统外部的资源来检查的——例如，人员的物理感知。飞行员可以根据不同的原因判定地面告警是错误的：

（1）能见度高，可以目视检查位置。

（2）通过对其他来源的信息进行交叉检查。

（3）通过了解，这是该飞机的常见故障。

无论何种选择，飞行员都不会接受系统可能提供的信息的表面意思。因此，在这些情况下，人为决策与高度自动化系统的预期结果非常不同——而且通常更好。

不正确的输入之后，可能产生过度反应或依然按标准程序处理，但通常不会造成事故，这是因为人为干预避免了事故的发生。但是，这整个过程被忽视、隐藏，至少是降级处理。因此，设计者并不关心那些不造成事故的非正常过程。那么，系统如何工作的关键决定就会忽略这些涉及人为因素、信息价值极高的案例。

总之，信息收集有一项重大缺陷：它是为了收集事故中的所有信息，但同时，却忽视了非事故事件的相关信息——即事件结果并不引人注目，但导致该结果的过程却引人注目。上述案例强调了在关于未来系统设计决策中使用这些信息的重要性。

2.2.2　信息发布阶段

如前所述，信息收集至关重要，尽管专门用于信息收集的技术资源不断增加，但在一些情况下仍会发现信息缺失。

第二个问题是关于如何处理现有的信息。必须确定谁可以或不可以不受限制地获取信息，并说明原因。

必须强调的是，在系统内部流动的关于潜在或真实事件的信息要比用户可以获得的信息更多。这是个利弊共存的现象。

（1）从正面而言，它避免了竞争性做法产生的恐慌。此外，由于信息流动，所有参与人都可以从其他人的经验中受益。

（2）从负面而言，由于不涉及安全方面的竞争，操作者之间达成的协议会有效降低安全水平。如前所述，民众可以接受通过公共程序达成的风险和利益之间的平衡，但不可接受通过内部协议达成、用户完全一无所知的决定。

然而，必须指出的是，在获取信息方面并没有惯例共享。

ASRS 是一个很好的例子：任何人都可搜索并下载该数据库的数据。

该系统不会询问用户感兴趣的动机，也不需要注册用户。可以获得许多问题的信息甚至包括统计分析数据。该系统对事故调查有很大帮助，不仅可以显示之前的案例，还可以帮助评估某一事件的发生频率和重要性，例如，设置错误的配置。

国家运输安全委员会（NTSB）也有一个公开的可搜索数据库，也不征问用户问题。由于所包括的数据都是需要全面调查的重要案例，所以该数据库规模有限。

这些有益的做法还远未普及。许多其他系统并没有可搜索的数据库，或是由于信息收集阶段的信息价值较低，或是明确限定了知悉人员。

系统之外，无人得到原始的、易于获得的数据，而是收到系统性能安全、功能完善之类的良好评价，而同时隐藏了一些其他问题。例如，一位为飞行恐惧症患者开设课程的经理说，一架四发失效的大飞机在着陆之前可以在巡航高度飞行200km。

事实大概如此，越洋航空公司 236 航班事故证明了这一点。然而，这种半真半假的说辞给人以错误的印象：虽然在发动机关闭时，大型飞机确实可以飞行很远的距离，但同时给人们造成错觉——完全失去动力是一个微不足道的小事故。

只有对技术性辩论达成一致，形成一个优化过的版本，航空从业者之外的人员才可能了解这些信息。每个人似乎都承担着保持“一切尽在控制之中”的义务，除了代价和舒适度，没有什么可担心的。

对外界不透明的优势在于——信息在系统内部无障碍地流动，从而加快制定纠正措施。劣势是公众可能需面对令人讨厌的意外后果，进而导致他们不信任整个系统。

马里诺（Mauriño）等（1995 年）引用了对“挑战者”号航天飞机事故的分析，从结论中摘录以下段落。

所有的组织在不同程度上都具有自我约束性。其物理架构（由人构成），受到保护隐私的规范和法律的影响，使其与环境中的其他组织隔绝。交流的本质进一步保护他们不受外界影响，只以复杂和难以监控的形式发布选定的信息片段。因此，尽管组织与他人交流，但保留了掩盖组织行为的自主性要素。

需要强调的是，该文章写于 2003 年“哥伦比亚”号航天飞机灾难之前。那么，新的灾难将以一种戏剧性的方式表明，如果不采取适当的行动改变环境，仅准确描述环境是不够的。

作为通用表述，“组织之间边界”这一概念可证明其有效性，正如后来的事实证明，很难改变这一边界。然而，对环境的描述对商业航空领域也是有效的。在“挑战者”事件中还可以追加问题——即其事件分析并不够具体，虽然这个问题本身也存在。

这不仅是由分包商包围的主要组织，而且组织之间也存在相互竞争。“挑战者”号案例所在的环境与航空业的环境并没有什么不同，因为这些分包商之间的竞争，就像航空业运营商和制造商之间的竞争一样。

分包商在项目中的表现将决定他们是否获得下一个任务。否则，在“挑战者”号事件中，将很难解释锡奥科尔（Thiokol）公司为什么从最初的正确评估转为虚假的无风险评估。

组织之间肯定是存在边界的，但现实远远超出了这个范围。这些边界受到严格保护，而组织的行为也受到这种保护和由此产生的来自高层压力的制约。

尽管组织之间存在这些竞争，但内部的不同利益相关者在决定哪些信息应该或不应披露方面表现得犹豫不决。这种做法可能是有益的，有明确边界的有限战竞争，但它也带来了风险。这种风险不仅仅是物质和生命的损失，它还涉及公众的接受度及其产生的后果。

2.2.3　信息利用阶段：新能力的产生

一旦确定事故原因，如果存在可用技术就立即采取行动进行改进，或如果无法解决就采取预防措施。

通常，这两种行动紧密相连，技术将用于预防。一个案例是在飞机上安装气象雷达。雷达并没有降低风暴的危险，但它有助于避开风暴最活跃的区域。

然而，由于实际上所有事故都是由多种原因引起的，学习过程的推进更多是通过对关键点的识别，而不是通过对特定事件的避免。与此同时，如果发生了与以前相同的事件，这表明关键点识别错误。

洛司·罗迪欧（Los Rodeos）机场事故后的调查和后续建议就是这种情况。事故涉及两架波音 747 飞机，其中一架试图起飞时与另一架发生碰撞，其严重程度可能会引发整个系统的彻底改变。以下是官方报告中的建议：

（1）强调严格遵守指示和许可的重要性。

（2）使用标准、简洁、明确的航空术语。

（3）避免在空管许可中使用“起飞”一词，在空管许可和起飞许可之间留出足够的时间间隔。

这起事故虽是极端个案，但一方面，说明在严重事故中可能发生各种情况。许多次要的或明显不相关的（并非无关紧要）事实，可能都会产生这样的结果。如果没有这类小事件，或许就可以避免事故。另一方面，这证实了与事故的严重程度相比，那些分析后的行动依然无效：

（1）大加纳利机场因一枚炸弹的爆炸和第二枚炸弹的威胁而关闭。

（2）特内里费机场的边际气象条件。

（3）坡道上的出口滑行道（因拉斯帕尔马斯机场关闭而拥堵）被荷兰航空公司的飞机挡住了。泛美航空（PAN AM）飞机早就做好起飞准备，但由于没有足够的空间而不得不等待，这是时间巧合。

（4）在荷航中，机长和副驾驶之间的地位差异很大，这意味着后者没有对机长的行为保持警惕。

（5）飞行时间限制。机组人员接近法定飞行极限。因此，他们需要快速起飞或取消所有相关问题。

（6）由于能见度和出口方向的原因，泛美航空飞机在离开当前活动跑道时误入交叉口。

（7）塔台和泛美航空飞机的无线电传输存在时间重合，相互干扰，造成荷航飞机的接收效果很差。传送的内容（塔台发出“等待，我将通知”和泛美航空飞机的“我们仍在跑道上”）表明：如果接收到其中任何一方的信息，就应该立即取消起飞。

（8）使用降低功率的起飞技术，以减少燃油消耗和延长发动机寿命为代价，延长了飞机的起飞时间。第一次撞击发生在一架飞机（荷航）的起落架和另一架飞机（泛美航空）的发动机之间，这一点非常重要。换句话说，当荷兰航空公司的飞机在跑道上与另一架飞机相撞时，它已经在空中了。

（9）使用非标准的措辞，无论是塔台还是泛美航空飞机的机长都不理解对方的行为。例如，“现在在起飞”既可以解释为“现在位于起飞点”，也可以解释为“现在正在起飞”。

（10）荷航机长担任机长的实践不足，对可能出现的事件类型不熟悉，增加了对与此类事件的焦虑。

从 TWA-800 航班案例中可以得出应找到关键因素和环境中各因素相互作用的结论，在该案例中，环球航空公司（TWA）的一架波音 747 飞机在起飞后不久就在空中爆炸。根据官方报告，导致该事故的原因如下：

（1）炎热的天气和航班的延误导致空调长时间运转。

（2）空调系统的动力装置靠近油箱，使油箱内部变热。

（3）油箱是空的。然而，由于经常使用，相较于液体，油箱中的气体会在更低的温度下爆炸。因此，空油箱比满油箱有更大的爆炸风险。

（4）仪器短路引发了电火花，点燃了油箱中的爆炸性气体，导致飞机爆炸。

与前一案例不同的是，这起案例没有重大的操作故障，而是由一系列特殊情况暴露出的设计故障，而在该型飞机超过 25 年的运行中，并没有出现这些情况。因此，唯一可能的行为是改变了设计。

通过这种方式，试图确定哪些行动可以在防止未来类似事件时取得更好的效果。

黑尔（Hale）等（1997 年）指出，对于以避免技术和人为故障为中心的前两个安全“时代”，分析和学习过程产生了一些共性的模型、工具和预估。

第三个时代，也就是我们如今身处的时代，有着不同的关注点：复杂的社会技术系统和安全管理。上述两个案例都说明微小原因的聚合导致重大的事故。

这种情况证明需要考虑系统性的原则：因果关系可以在一个非常不同的量级范围内。

在从事件分析中搜集到可用信息之前，需要谨记变量之间的相互作用并不是唯一出现的问题。

另一个复杂的问题来自分析的时刻和由此产生的思维框架。艾因霍恩（Einhorn）和贺加斯（Hogarth）区分了逆向思维和前瞻性思维：

（1）逆向思维是分析事件的一项基本条件，这是一种原始的直觉，具有可诊断性，需要在寻找线索和建立明显不相关的联系方面具有判断力，例如，测试可能的因果关系链或寻找可能存在的类比。

（2）前瞻性思维试图防止潜在事件的发生，它是不同的：它不依赖直觉，而是依赖数学。决策者应该对一系列的变量进行分组和权衡，然后做出预测。

然而，不论是使用策略或规则，必须对每个因素的可靠性和准确性进行评估，决策者通过结合各种因素达到综合预测。

2.3 基于事件的学习的局限性

按照这两种模式，即逆向思维和前瞻性思维，可以说事件分析是按照逆向思维而进行。然而，一旦得到结论，任何要实施的过程都是在前瞻性思维的模式下进行的。

这两种模式之间联系密切。解决方案是在事件事实和其原因结论相一致的情况下通过。任何可能导致忽视某些部分或强调其他部分的偏见都会反映在解决方案中。

两种模式的相关性随着系统的复杂度而增加，许多变量以不同的方式并存，选择正确变量远不是一个简单的任务。这一点上，卢曼（Luhmann，1993 年）提出了超复杂度的概念。超复杂度被定义为“当各部分都试图从其特定的角度进行最优选择时形成的系统状态”，换句话说，就是没有整合的发展过程。在超复杂的环境中，前瞻性思维变得越来越困难。与此类似，佩罗指出，复杂组织的问题是功能上互不相关部分之间存在着不可预见的相互作用，这是互不相关部分交互时的副作用。

制造商、监管机构试图以两种不同的方式来预测这些相互作用，关注其特殊性。

（1）对过去的事件进行分析，了解故障是什么以及故障相关的可能发生的事情。

（2）分析与使用易燃液体、高压、高电压、潜在腐蚀、爆炸、人员意外损害等系统相关的风险。

第一类案例可以参阅 TWA-800 航班事件后 NTSB 的安全建议（国家运输安全委员会，2000 年）。

在安全委员会对许多事故和事件的调查中，记录了短路造成附近电路损坏（超过 1/12in[①]）的可能性。安全委员会得出结论，现有电线分离标准可能没有提供足够的保护，不能防止短路。因此，安全委员会认为，联邦航空局应该审查所有美国认证的飞机布线系统的设计规范，①确定哪些系统对安全至关重要；②要求进行必要的修订，以确保与关键系统相关的布线有足够的隔离。

与这个问题相关的另一个案例，有一个更普遍的观点取自 EASA CS–25 AMC 附录 H。

25.1707 要求确定了电气线路互连系统（EWIS）的间隔需求。例如，如果一架飞机有一个电传飞控系统，与飞控系统相关的 EWIS 和其他 EWIS 之间需要至少 2in 的物理间隔，且 ICA 中应该有这个信息。

同样地，油箱系统中某些电线的隔离可能是关键的设计配置控制项，以此符合适航限制要求。由于常常需要移动或拆除电线束来进行维修，维修人员需要了解这些准则和限制。

前面的案例说明了基于事件的学习过程。某一事件暴露了不可想象或无法预见的事情。一旦事件发生，首先启动一个旨在防止或减轻类似事件的行为，如果原因合理，就会进行验证并形成更普遍的规则。

然而，正如已经提到的，复杂性会导致新的和未曾预见的问题。当通过增加复杂性来解决新问题时，矛盾就会出现。

由于尽力防止类似上一起事故的发生，可能会引发新的事故。以色列航空 1862 航班（ElAl 1862）正是一例。

1992 年，史基浦机场，由于安全装置故障导致了 ElAl 1862 航班事故。但是，事故的发生并不是因为安全装置故障，而是因为该装置失效。情况要糟糕得多：如果安全装置不存在，事故就不会发生。

该装置是发动机和机翼之间连接的薄弱点。其作用是在极端扭转时，确保该装置会断裂，发动机与机翼分离干净。这样，掉落的发动机不会拽掉部分前缘，飞机可以继续飞行。

从保持飞机气动性能的角度来看，这个解决方案似乎是正确的。然而，由于安全装置存在缺陷，它不仅不能发挥预期功能，反而成为事故的主要诱因。在这种情况下，缺陷装置造成了一台发动机的分离不彻底，撞上前缘和同一机翼上的另一

① 1in（英寸）≈ 25.4mm。——编辑注

台发动机，造成不可避免的事故。由于该案例发生在 1992 年，人们可能认为事情已有所改进（确实如此），而不应该再出现类似意外事件。事实上，意外不断地发生，澳洲航空 32 航班（QF32）又是一例。

2010 年发生的 QF32 航班事故是另一个难以预见的“创造性互动”。发动机停车是可以预见的，但对于一架四发飞机，即使在海洋上空单发失效也不应该是个大问题。但诱发的发动机非包容性失效却像一个定时炸弹，是个很严重的问题。该故障没有穿透机身，但它破坏了电线、数据线、液压和燃油管道。飞行员不得不处理这个从未预料到的情况。

需要补充的是，在这起事故之前就发现了发动机设计上的错误，但没有人能够预见会导致这种结果。

QF32 航班事故可以作为一个模型，印证了佩罗关于复杂性的警告：互不相关系统之间的意外互动造成了事故。

贝克将其称为人为不确定性。这种不确定性不仅假定了不完整的知识库，而且还假定了令人惊讶的事实：知识的增加也经常增加不确定性。

因此，涉及艾因霍恩（Einhorn）和贺加斯（Hogarth）的前瞻性思维的数学建议变得越来越困难：变量之间可能存在未被关注和未被预见的关系，这使在设计过程中不可能考虑所有变量。

逆向思维和前瞻性思维意味着与预期或反馈有关的思维框架，在早期或成熟发展阶段已引入了这些框架。然而，还有第三种截然不同的思维模式——即用于操作的模式，与前两种模式一样，也有其运行规则。

里森（Reason，2016 年）将他对人类能力的分析归结为“易犯错误的机器设计”，这主要是指人类的注意力有限，因此，演绎过程也是有限的，因为演绎过程是基于这种有限注意力所感知到的数据而进行的。

在这种条件下，人类操作者是根据其对事物如何运作的理解来处理事情。这种理解部分来自于自身的经验，这使他们能够否定许多选项，而以最有可能的选项进行操作。但是，由于所需的数据并非都可用，他们使用启发式推理，与常见的算法模型相去甚远。

这是基于这样一个事实：尽量避免事件发生，因此，事件不应该成为学习的主要来源。同时，在超复杂环境中，前瞻性思维很难实现。在某些情况下，人类可能是唯一剩下的应急资源。然而，为了保持其活跃度，我们应了解人类的工作模式，因此，应提供合适的环境以满足人类活动的特性。

当然，这引起了人在技术驱动的环境中的作用和价值的深入讨论。虽然对某些人而言，人类操作员是不可避免的麻烦，一旦技术允许就应该被替代，但对另一些人而言，人类操作员却很有存在价值。

启发式推理并不总是像一些作者所言，是一种“快速和肮脏”的解决问题的方法。相反，正如吉恩泽（Gigerenzer，2007 年）所言，简捷启发式推理是用不同的、更快的方式来解决问题，所需的处理资源远远少于先进的信息系统。

当然，启发式推理可能会失败，但与此同时，它可以通过直接否定不可能的选项，或在处理过程中引入新的参数，用计算机无法匹及的速度解决问题。

前文中的 QF32 航班事件是启发式推理的典型示例。在一台发动机（2 号）发生非包容性失效后，飞机系统发出难以处理的错误信息，其中包括 4 号发动机故障。飞行员推断，要造成另一侧机翼上的 4 号发动机故障，2 号发动机非包容性失效产生的碎片必须穿过机身，而这显然没有发生。从那一刻起，飞行员决定不相信来自飞机系统的信息，并试图自己检查一切。

那么，在该示例中，这个无法解决的情况并没有因为新信息的输入而变得可控。相反，是由于飞行员突发“灵感”，决定不再相信飞机系统的信息，它才变得可控。实际上，这个乍现的“灵感”才是真正的新输入。

假设可以构建一个资源使用系统，将前瞻性思考用于处理当下情境，且不受人类操作者操作速度缓慢的限制。

然而，这个假想的系统只能链接相关变量，即在编程中已经被识别的变量。因此，发生不可预见的情况时，该系统可能毫无用处。

事实上，事件分析不像飞行中的事件，受制于时间限制，只适合于普通的算法，从技术的角度，这种缺陷非常明显。

如前所述，飞行模拟器被用于事故调查，通过模拟确定飞机的行为。尽管模拟器设计中取得了经验，但仍有新的情况。

在布宜诺斯艾利斯，一架伊比利亚航空公司的波音 747 飞机发生了跑道超限。这架飞机在达到决断速度之前，发动机故障。使用最大功率下刹车，导致 16 个轮胎爆炸，但与预期相反的是，飞机在跑道上没有足够的距离刹车，冲出跑道末端约 60m。

使用飞行数据记录仪在模拟器中测试并没能解释这个问题。模拟了刹车瞬时的压力和其受力，结果显示飞机可在跑道尽头前停止。

但是，当发现一个缺失变量时，问题得以解释。连续应用最大制动功率，制动装置熔化，无法工作。模拟器可模拟制动时的液压数据、相应的停止时间，但并不包括设备的物理损耗和刹停所需的额外距离。原因何在？很简单，没有人在模拟器的设计中预见到这个参数及其影响。

无论是前瞻性分析还是逆向分析，都是基于具有主导逻辑的心智模型，这导致了分析中只会包含一些变量，而排除其他变量。基于这种变量选择的心智模型在收集结果时本身就附带了限制因素。

通常情况下，由于分析不仅发生在不同的时间内，每个新的分析也具有特定的心理模式。所以，分析类型和心智模型这两个要素密切相关。

这样，设计这样前瞻性的活动是基于工程师的心智模型。事件的管理由飞行员负责，也有其心智模式，但受制于环境。最后，调查这种逆向分析，通常由专业领域官员在前者的技术支持下，以他们自己的心智模式进行分析。

因此，除了处理过程和后续决策的环境所带来的差异外，不同的行动者还强加了自己的心理模式，由于自身的信息结构，或强调或限制了不同的因素。下文示例就是其典型示例。

分析洛司·罗迪欧（Los Rodeos）示例的官方报告，该事故发生在 1977 年，仍然是商业航空史上最严重的事故，但一个重要的事实竟然被忽视。

荷航机长最新的飞行经验与模拟器培训有关，在模拟器上不存在起飞许可、取消航班的乘客记录登记和飞行时间限制。

正如飞行记录所显示的，机长在过去 6 年中每年的飞行时间少于 260h，不到正常飞行时间的一半。此外，对于像波音 747 这样的远程飞机来说，这意味着执飞次数非常少——与飞行小时相比，所发生的问题与执飞次数的关系更大——因此，机长最近处理这类问题的经验更少。

尽管压力很大，这位荷航机长还是照章完成了检查清单。在最不熟练的部分（起飞许可），他失败了。对他而言，可能管理事项如乘客记录或飞行时间限制的压力要远大于其对普通飞行员的压力，这是因为后者在日常飞行中更熟悉这种情况。

分析还可以更进一步。如果问谁对技术程序了如指掌，但又在像起飞许可这样的基本操作上失败，同时又被这类基本问题压得喘不过气，一个可能的答案出现了：培训师，而不是普通飞行员。他们拥有共同的技术基础、许多常见的技能，但有不同的心智模式，如果运用不当，可能会导致不好的后果。

后来，很少受到质疑的“飞行部门总监”也出现了一些批评。他们的飞行实践远低于其他没有管理职能的飞行员。贝蒂（Beaty，1991 年）认为，这是拥有权力者的自然特权。因此，可能发生的情况是，最近在机队中执飞最少的飞行员是高价值人群或重要飞行的执飞飞行员。

这些问题并不在调查之内，也揭示了一种以事实为导向，忽视社会和心理事实的心智模式。当然，提出这些被忽视的问题也揭示了一种心智模式。那么，问题的关键不是某种心智模式（总是存在的）存在与否，而是这种心智模式能否完成某个特定任务。

总之，事件分析受控于主导逻辑，主导逻辑决定了如何过滤信息。如果主导逻辑是技术性的，那么多数经验就会以法规或技术的进步出现。

不同时刻、不同群体的心智模型均是可变的，将由主导逻辑选定一种心智模型。当进行事件分析时，事件已经发生，或者有人试图阻止未来事件发生，因此，并没有相同的线索可用。

事件分析是基于逆向思维，而新法规和制度的产生基于前瞻性思维。因此，最终，对事件的处理是基于有限理性和启发式推理的共同作用。

从技术角度来看，最脆弱的模式是事件中使用的模式。而最“理性”的模式是预先设计好解决问题的方案，而不是把这种事件的管理交给人们。

无须批评这种常见的做法。此外，正如托马斯 - 索维尔（Thomas Sowell）曾明确指出的这种做法符合人类知识发展的规律（1980 年）：

文明是知识的凝结。获取知识所需的时间和努力（包括代价高昂的错误）通过专业化降至最低，即通过社会成员之间对重复犯错的学习而有效降低。

然而，如果这种做法发挥到极致，可能会出现一些意想不到的效果。

用于预测事件的相同做法或手段可能会阻止对其他事件的管理。诚然，操作人员没有调查人员所掌握的全部数据，但他们了解具体的情景，而法规或技术设计可能忽略了这些信息。

启发式推理模型，通常人们在尝试一般模型后启动启发式推理。如果这个模型不能提供有效的答案，就会把当前情况与个人经验和相关知识相比较。然后，决策将与个人对相关背景的理解相一致。显然，预先设计的解决方案不具备“紧急资源”（处理紧急事件的能力），但操作人员却有能力处理，详见下文中的示例。

US1549（2009 年）航班事件，也就是哈德逊河着陆事件，经过广泛调查发现了一些令人惊讶的事实。制造商从未考虑过在 20000ft 以下飞机双发停车的情况。因此，飞机在低空完全失去动力的检查表远比实际情况要长得多。

操作员意识到这个问题，没有以标准的方式执行检查表，他们选择了一些关键项目，如起动辅助动力装置（APU）以保持系统通电。

示例中的“理性”方法并不能在设计约束的条件下应对这种情况。然而，有人仍然主张极端的做法，例如，让自动系统快速自检检查单，这远低于飞行员所需的时间。

同样，这种方法与上下情景冲突。使用传感器进行检查将非常迅速。如果任何一个传感器发生故障（如 QF32 航班事件中的发动机故障），计算机将不能使用传感器的数据，工作人员就不能对其观察或利用基本知识进行质疑。

实际上，法航 447 航班（AF447）或德国 XL 航空 888T 航班（XL888T）事故之所以发生，是因为相关人员的行为可以与计算机预计的相类比。也就是说，飞机自动反应，与飞行员的判断不一致导致飞行员对此产生困惑。

预先设计的解决方案只对可预见的突发事件有效，而根据定义，在复杂环境中，并不能预见所有突发事件。因此，预先设计的解决方案绝不应该是唯一可使用的资源。

总之，有效应对突发事件，是与预先设计解决方案同样重要的改进。然而，应该从中吸取教训，对某些事件的处理方法表明，该系统的工作模式是一刀切模式。因此，它可以在某些事件中正常运行，而在其他事件的管理中则可能存在严重的缺陷。

第 3 章　技术和人在航空业中的角色变化

导读：本章主要讨论了人和技术在航空业中的角色变化以及这种变化可能造成的不良影响。人在系统中有两种角色：正常操作执行任务以及飞机异常情况下的替代资源。关于人的正常操作角色，文中列举许多案例说明现代飞机高度自动化弱化了飞行员的手动操作，使飞行员欠缺态势感知能力，随之在飞机出现故障时不知如何应对或错误操作导致事故发生。关于异常情况下人的替代角色，文中也列举了许多案例说明飞机故障时飞行员利用自身技术和知识避免了事故发生。最后总结出人的作用不可或缺，并讲述了一些保持“人在回路”的设计方法。

本章主要讨论了人和技术的作用，它们如何随着时间的推移而变化，我们所期望的变化，以及这种期望的变化背后可能存在的缺陷。

例如，威尔士提到了导航和空中交通精准控制技术改进，包括零能见度下的着陆、材料改进、发动机可靠性和驾驶舱信息系统的改进。

技术改进本是为了提高安全性，但是效率却经常置于安全性之上，示例如下：

（1）导航精度提升的同时增加了安全性，但它可用来缩短飞行中飞机之间的距离。

（2）更便捷的气象信息可以帮助飞机避免进入风暴，但也可以用来引导飞机靠近风暴而不进入风暴。

（3）着陆系统的改进可以用来实现更安全的着陆，但它也可以用在那些本要关闭的机场。

（4）发动机可靠性的提高减少了发动机停车的次数，但这也成为减少飞机上发动机数量的一个诱因。

（5）更好的高度测量降低了空中碰撞的风险，但也减小了飞机之间的距离。

（6）二次雷达减少了飞机碰撞的风险，但也可能用来让更多飞机进入同一空域。

上述示例中都有一个共同之处：技术通过降低负面事件的发生概率来提高安全水平。然而，事情并不止于此。相反，这些新增的系统几乎立即被用于提升效率。

这种商业中常见的权衡会导致安全水平再次下降，显而易见，改进的动机是效率而不是安全。

3.1 人为错误：神话与现实

技术进步的同时，人的作用长期受到质疑。这是一个老生常谈的故事，人工智能（AI）和无孔不入的机器学习的发展并没有弱化这种趋势，反而使人的作用备受质疑。

波音公司在其《商用飞机事故统计摘要》（2006年）中指出，55%的事故是由机组人员造成的。

最新的统计摘要改变了分类，虽然旧版中已经包含了多种分类，但隐藏了一些事实，这些事实可能会使人们对系统中人的作用产生偏见。

一起事故可能有多个原因。如果以人为错误为中心，则会误导事件分析（马里诺（Mauriño）等）。此外，即使认为数据确有人为错误，也要对波音公司的旧版统计有所存疑，原因如下：

（1）如果55%的事故是由机组人员的错误造成的，这可能会产生这样一种错误印象——如果找到一种方法来限制系统中的人的作用，事故将会降低至55%以内。

（2）人为错误常与其他对事件有重大影响的问题一同出现。

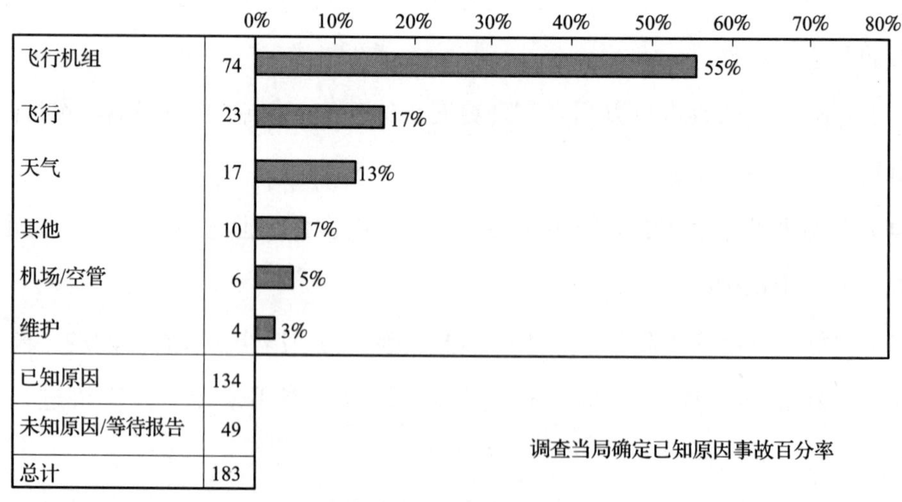

飞机失事（世界民用喷气式飞机：1996—2005年）

图3-1 按主要原因分类的事故

例如，飞行员在发动机停车后的不当行为会导致事故。然而，即使是确定存在人为错误，但同样明显的是，技术故障（即发动机停止）是导致事故的最初诱因。

正如利瓦伊（Leveson）所指出：

根据分析者对某一事件产生的心智表征，同一事件会引起不同类型的联系。当某几种类型是可行的，分析者将使用与其心智模型相一致的类型。

从技术角度而言，有人认为，发动机停车是由于维护或设计不当之类的人为错误。如果真是如此分析，这样的分析真是毫无用处。

由此产生的结论——100% 的事故来自于人为错误，这并没有增加任何有用信息，而是徒增干扰。任何进行因果分析的机会都随之消失。

事故的社会影响阻碍了后续分析的极端情况是：人们的良好表现掩盖了事故的真实情况。

此外，如果谈论如何避免事故，应该引入差异化的概念：

（1）事故发生后，人们的行为符合预期——也就是说，人的行为是系统设计的一部分。在这种情况下，即使是通过人为因素避免了事故，避免事故的功劳也应该归于系统，而不是人。

（2）人们必须管理不可预见的事件。由于没有针对不可预见情况的指南或程序，避免事故发生的功劳应归于人为因素。

对第二种的评估很困难，不像 QF32、US1549、AA96、AC143、U232 航班和其他许多灾难性事故，通常避免事故而采取的人为行动并不明显。

通常情况下，这些行动微不足道，且发生在早期阶段；这意味着处理管理系统中的已知错误，并打破事件因果链；因此，极有可能没有报告这些行动。

总之，许多不可预见的事件并不是紧急情况，而是由于人为干预，并未恶化为紧急情况。但这类因素的重要性超出了预期。通常情况下，并不会报告这些“低于事故警戒线”的非紧急事件。一些现有系统，专门用于线路培训或探测威胁的系统可以用来检测这些低强度 / 高风险因素的事件，但这些系统通常并不是专门用于这种检测。

对于飞行员而言，克服系统故障就是“例行公事”。由于他们熟悉多数小故障，加之报告这类故障的管理难度大于处理难度，通常他们并不上报这类故障。然而，如果没有得到适当的关注，许多未报告的小事件可能导致重大事故：

（1）与自动系统相连的无线电高度表故障导致的事故（TK1951 航班）。然而，同样的故障出现在飞行中不同的飞机上，通过手动着陆避免了这一事故。

（2）在系统错误地认为是飞越机场而不是机场近进时，可从飞行管理系统中删除主要机场的进场程序。

（3）远洋飞行中缺乏通信是临时状况，而不是紧急情况。

（4）不同的系统会发出错误告警，由于告警频率不同，机组人员会认为有些告警并不存在，真实的告警就会被忽略。

（5）导航系统的怪异行为，通常只有在导致未遂事故时才会被报告。

还有其他很多常见情况，但由于其不可披露或未被使用，因此，可能使用不正确的输入，或做出错误的决定，也就是说，结论来自于系统排除了人为因素进而有所改善的错误观念。

重大事故的成功避免通常易于辨识，完成这类事件的人会成为英雄或恶棍，但那些看似微不足道却有助于避免重大事故的行为通常不会被察觉。因此，关于单飞行员拥有自动驾驶飞机的便利性的分析并没有考虑以下内容：

外部环境的复杂程度足以让飞行员对新出现的情况和意外情况感到惊慌。然而，内部环境已经非常复杂，成为不同意外情况的诱因。

在不同系统中使用的复杂的算法只会增加更多的复杂性，就像用一根更粗的绳子来固定另一根本已不能承重而断裂的绳子。

3.2　人类角色：作为事故触发因素的技能和知识

人在系统中可以扮演两种不同但相关的角色。

在第一个角色中，人通过具体的程序获知在不同情景下应采取的行为。这是正被技术逐步取代的角色。

过去，多数飞机需要两名飞行员、一名飞行工程师、一名无线电操作员和一名导航员。现在，飞机一般只有两名飞行员，很少有例外。

一旦地面资源足以支持飞行员飞行，飞机就不需要导航员了。一旦技术变得更可靠，无线电设备更易处理，就会取消无线电操作员。最后，由于飞行工程师的功能已经实现了自动化，几乎每个机队都不再配备飞行工程师。

此外，美国参议院批准了一项研究，以评估在货运飞机甚至大型货运无人机上仅配备一名飞行员，飞行货运路线的可行性：

FAA 在与 NASA 协商后，对 FAA 的研发进行审查，以支持由远程驾驶和计算机辅助驾驶的单人驾驶货运飞机。

由于自动化或彻底的改变，许多机上需要多人承担的任务已经不复存在。

首架波音 747 的驾驶舱有大约 900 个元件（控制和指示器），而波音 747-400 的驾驶舱更为简洁，元件已减少至 300 个左右。这种差异是自动化带来的，但也与计数的方式有关：多功能显示屏只算作一个元件，但还有很多其他元件，有些元件很难获取相关数据，这会导致错误的计算。

无论如何，这是众所周知的过程，定义了航空业和许多其他领域的共同演变。这条演变之路是否会产生一些副作用，以及接下来应该采取什么措施。

同样，我们发现效率是整个学习过程的驱动力。自动化是以更少的人、更少的培训来实现高效。事实上，这往往是对技术资源投资的主要回报。

现阶段，自动化的某些影响已屡见不鲜。2004 年，英国民航局发布了一份名为《机组人员对自动化的依赖》的文件，提出了一些警告。

现代大型运输机的自动化程度越来越高，机组人员也越来越依赖这种自动化。因此，有一种风险是，机组人员不再具备必要的技能，无法对自动化故障、程序错误或失去态势感知做出适当的反应。对自动装置的依赖可能导致机组人员接受飞机不恰当的操作，而不能适时监控。高度自动化飞机的机组人员不仅可能会失去手动驾驶飞机的技能，还存在对故障做出不当反应的风险。

可以认为，这些问题存在并将长期存在，甚至在持续恶化。此外，由问题背后所隐藏的问题导致的事故可称为新型事故，如 XL888T、AF447、韩亚航空 214 和最近的狮航 610 航班等事故。

此外，许多长途机队的专业飞行员每月要进行三到四次起落，这还不包括在模拟器中进行的起落训练。因此，正如上述示例和其他示例所显示的那样，许多飞行员对手动驾驶飞机感到不舒服，正如以下官方报告的摘录所示。

一份飞行员通告（NOTAM）显示，28L 跑道的仪表着陆系统（ILS）下滑道因施工而停用，机组人员知晓这一情况。在某些低可见度条件下进场需要下滑道电子垂直引导，这也是全天候进近中的辅助工具，但目视进近时并不需要。机组人员有许多其他的提示，辅助规划并找到与合适的垂直飞行路线飞至跑道。机组人员通常根据速度和距机场或导航定点的距离，以及进近图上显示的交叉高度来计划下降。在下降的初始阶段，ND 的绿色高度距离弧线和 VNAV 等辅助设备可以在下降初始阶段引导飞行员进行。当飞机接近跑道时，PAPI 灯和跑道表面的视觉特征向飞行员提供了额外的提示。NTSB 的结论是，尽管 ILS 的下滑道已经无效，但下滑道的缺失不应该妨碍飞行员完成可视进近。

FAA 最近的一份报告中（“飞行路径管理系统的操作使用”，2013 年）指出了这种缺乏人工实践的情况，但在这种情况下，关注点不仅仅包括人工飞行（见图 3-2）。

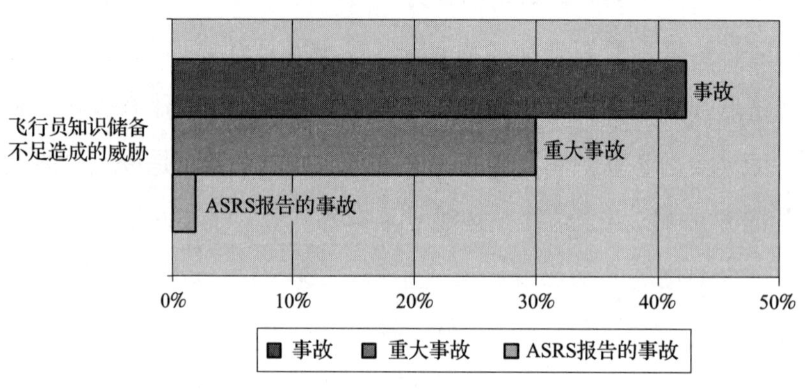

图 3-2　飞行员知识不足造成的威胁

问题不仅是人工飞行技能，还在于知识不足。两者一脉相承，有着相同的起源，那就是自动化的设计缺陷和使用不足。

主要制造商之一的空客公司已经表达了对该问题的关注，并提出了修改培训过程。在空客 A350 机型发布后，《华尔街日报》的采访也传达了这些改变。

目标是首先“让他们感受飞机，以及不开启自动化或发生复杂的系统故障或紧急情况时飞机的运行方式。”

最终，空客公司力图将改革后的培训方法推广到其他机型……。

这一新关注点显示全行业担心过度依赖自动驾驶的风险，并担心飞行员可能不愿在必要时实施人工控制。其结果可能是加速航空公司向注重人工飞行操作的培训项目倾斜。

因此，人类操作人员的两种作用有一个共同点：他们有与正常操作相关的任务，也是飞机异常情况下的可用的替代资源。然而，正常运行的自动化减少了飞行员保持现有技能，以及其应对异常情况的机会。

也许第一个问题应该是自动化水平的准确程度。对该问题似乎有个默认答案：技术有多先进，自动化水平就有多高。

不同事件表明，这个默认答案可能是错误的。保持态势感知，和对突发事件的充分反应能力，需要飞行员处于该回路中，并参与控制，而不是作为旁观者。

完全自动化在技术上是可行的，但如果同时管理突发事件的能力下降，完全自动化也许就是错误的。

现在，模拟器的作用是提高飞行员的人工飞行技能，而不是培训的副产品。此外，旨在恢复人工飞行技能的提议甚至需要改变培训过程，但培训过程往往更注重系统管理，而不是驾驶飞机。

如今，最先进的模拟器已经实现了对真实飞机近乎完美的仿真。因此，不应反对以这种方式训练提升飞行驾驶技能。然而，一些问题仍然存在：

（1）航空公司更愿意让飞行员在实际飞行中花费时间，而不是把时间用于培训课程。

（2）许多航空公司希望飞行员尽可能地使用自动程序。

（3）飞行员可以预见训练课程的内容。在培训中缺乏实际飞行中可能发生的“惊吓效应”。因此，人们对培训是否有效存在质疑，这一情况饱受批评。

电影《萨利》播出之后，可预见情况的问题被公之于众。以下信息摘自官方报告，显示了之前所积累知识的重要性，节省了飞机态势评估的时间。

使用空客 A320 全动训练模拟器和固定工程模拟器进行模拟，确定事故飞机在鸟撞后是否能滑行到拉瓜迪亚机场（LGA）或新泽西州泰特伯勒机场（TEB）着陆，模拟立即返回拉瓜迪亚机场和延迟 35 s 后返回的情况……模拟器的程序是尽可能地复制事故飞行的条件，包括风、温度、高度表设置、重量和平衡。飞行员尝试在模拟器上执行该动作之前，已经听取了关于该机动的简要介绍。飞行了以下三种飞行情况：①在拉瓜迪亚机场的 4 号跑道上正常降落，从 1000ft 或 1500ft 高度开始进场；②鸟撞后，试图在拉瓜迪亚机场或新泽西州泰特伯勒机场降落，从拉瓜迪亚机场的 4 号跑道起飞时的零地速开始，以及从鸟撞和发动机推力损失前不久的预设点开始；③在哈德逊河上以 200kn（n mile/h=1.852km/h）空速从 1500ft 开始水上迫降。在第一种飞行情况下，所有飞行员都能在两个模拟器上成功着陆；第二种情况下，在工程模拟器上进行了 20 次模拟，从发动机推力损失前不久的预设点开始，飞行员试图返回拉瓜迪亚机场的 13 号跑道或 22 号跑道或新泽西州泰特伯勒机场的 19 号跑道，在 15 次飞行中，有 8 次（53%）飞行员能在发动机推力丧失后立即转向机场并成功着陆。

最近的一些事故表明飞行员缺乏人工飞行技能，以及对系统、系统的反应方式和预期情况缺乏了解——也就是说，态势感知能力不足。

TK1951 事故和前面提及的韩亚航空 214 事故都印证了这种情况。两个事故都是在最后进场时坠毁，尽管具体原因不同，但这两起事故都有一些共同点。

飞行员并不清楚飞机发生了什么情况，以及发生这种情况的原因。韩亚航空 214 航班事故与人工飞行技能密切相关：仪表着陆系统的地面设备出现故障，需要飞行员手动着陆，这让飞行员十分不安。

土耳其航空公司 1951 航班计划使用自动程序在阿姆斯特丹降落。但无线电高度表故障，向自动驾驶仪给出了错误的输入，将动力设置为慢车状态。低可见度和不受控的自动驾驶仪导致飞机在跑道附近坠毁。

同样的故障也发生在其他飞机上，但这些飞机避免了灾难性的结果，因此，这似乎表明提高警觉性、改善能见度或两者兼而有之，可以避免类似事故。官方报告中有两段话非常清楚地指出了飞行员缺乏对该系统的理解。

委员会的结论是，左侧无线电高度表的不正常工作导致两台发动机的推力被自动油门过早地降至最小，最终速度下降过大。由于未能监控飞机的空速和俯仰姿态，以及未能正确执行失速改出程序，飞机失速，机翼不再提供足够的升力，飞机坠毁。

各系统使用了错误的高度读数，包括自动油门读数。机组人员并不知晓，也不可能知晓。飞行期间使用的手册不包含任何关于无线电高度表错误的程序。此外，飞行员接受的培训也不包括任何详细的系统信息，使他们能够理解这个问题的严重性。

在韩亚航空 214 航班事件中，与人工飞行技能问题一起，官方报告指出飞行员对自动化程序如何工作缺乏了解。

降低设计复杂性，加强对飞机自动飞行系统的培训。操纵飞机的飞行员（PF）对波音 777 的自动驾驶（A/P）和自动油门（A/T）系统在 FLCH SPD 模式下相互作用以控制空速，在 FLCH SPD 下降过程中 A/T 被超控和油门为保持模式时会发生什么，以及 A/T 自动啮合功能如何操作的理解并不准确。飞行员对飞机自动化逻辑的错误思维模式导致他无意中关闭了自动空速控制。降低设计的复杂性和改善系统培训都有助于减少飞行员所犯的错误。

当然，在这些事故中指出的，以及由官方报告明确的误解也出现在许多其他事故中，其中一些已经提到，如 AF447 和 XL888T 航班事故。误解不仅限于驾驶舱内，在维修领域也经常出现误解。G–KMAM 事故就是一个典型的维修误解案例。同样，官方报告清楚地解释了事故原因，但在这个案例中，引入了一个新的因素。

事故发生时，在更换襟翼后的首次飞行中，飞机在起飞时出现了非指令性向右滚转，这种情况一直持续到飞行 37 min 后，飞机降落在伦敦盖特维克机场。在任何时候，对飞机的控制都需要大量的左侧翼输入，飞行控制系统因失去扰流板控制而降级。

此外，还报告了飞行员缺乏相关知识的情况。

操作员没有向飞行员说明检查飞行控制的适当程序。

这两段都是对事件的描述，但到目前为止，下文才是事故的根本原因，不仅针对 G–KMAM 事故，而且适用于其他一般情况：

即使失误的可能性一直存在，即使是最简单的机型，只具备解决日常问题的技能和经验的人员很可能认为现有知识已经足以确保安全。随着空客 A320、A330、A340 和波音 777 等飞机的推出，维护人员很难获得飞机及其系统的足够信息，以充分了解任何偏差可能的后果。避免未来高科技飞机发生不必要的事故的可能性取决于对行业规范的遵守情况。维修人员无法预知非标准操作对系统造成的影响。

在这段话中，强调程序合规性的重要性。然而，这样也会带来一种附带损害。

同时，报告给出了避免任何偏差的充分理由，它引入了一个不容置疑的事实，即维护人员的知识只限于遵循程序所需的技能。必须执行程序的人员不能因为他们没有充分理解程序而质疑程序。

当然，这种情况在一份关于维护错误的官方报告中得到了完美的解释，飞行员也有同感，缺乏系统交互知识被视为正常。

这个问题绝对不是新问题；甚至在 1973 年（美国航空公司 27 号航班）发生的事故中也曾存在，其中一台发动机发生了非包容性爆炸，官方报告对此做了解释：

就在爆炸前，机长和飞行工程师讨论了自动油门系统和相关的 N_1 转速表之间的互连关系。讨论的结果是他们决定检查该系统的某些功能。机长说：“飞行工程师和我在猜测自动油门系统从何处获得输入，例如，是来自转速表本身，N_1 转速表，还是来自转速表发电机。因此，将飞机设置为自动驾驶和空速（自动油门）

模式下……让空速稳定在（预选的257KIAS[①]），然后有选择地、连续地拉动1#、2#、3#发动机上的N_1断路器。在舱音记录仪上保留了一个速度模式。在这一点上，我很满意，因为除了测速仪本身之外，还有其他一些地方也出现了提速，但为了进一步检查，我把空速指示器上的速度错误稍稍延缓……我只是想看看是否油门会跟着速度故障而出现错误。我向后退了大约5kn的速度，注意到油门轻微减速。我把手伸进去，打开自动油门，并转向工程师，对他说我对这个功能很满意，就在这时，爆炸发生了。”

机长和飞行工程师猜测飞机上最常用的系统的数据输入表明了一些问题：他们并不清楚其如何运行。

缺乏不同系统之间的交互信息或信息不正确，是多起事故的共同特征。因此，应该审查人类在其中的作用，包括所需的技能和知识。否则，就会进入或一直处于一种消极的状态：

（1）驾驶飞机所需的知识越来越多地体现在技术和程序中。人们被简化为执行那些难以自动化或自动化成本高的任务。

（2）当紧急情况出现时，人们缺乏对系统的了解（一般情况和特定情况），以及管理系统的技能。

（3）人们得出结论，人类的贡献可以忽略不计，下一步应该是从驾驶舱中移除一名飞行员。

因此，系统的演变使人类变得不适合处理严重事件。一旦出现这种情况，因为人不能胜任，设计者就建议从系统中移除人员。也许应该另找一个不同的解决方案。

3.3 人的作用：避免事故的技能和知识

一些事故正是因为缺乏知识和技能而导致的。实际上，这种知识和技能的缺乏表现为对情景的认识不足，无论是由于缺乏基本知识，还是由于对复杂和不可预见的情况感到困惑。

在许多影响先进技术的飞机事故中都存在着混乱的情况；也就是说，参与事件的人并不知道发生了什么。

① KIAS是以“节”（kn）为单位的指示空速（V_i，又称表速）。——编辑注

同时，与之相反，这是由于人的操作才没有造成重大事故的案例集。在这些案例中可以发现存在不寻常的态势感知水平。

QF32 和 US1549 航班案例显示了一种异常的态势感知水平。由同类原因造成的事故还包括 AA96 和 U232 航班。

这类事故有一个共同特点：由于系统的冗余性理应保证飞机始终安全，意外情况是不可想象的。实际上，在飞机起飞时，DC–10（U232 和 AA96 航班）的三个液压系统工作正常，而 ETOPS 规则允许使用双发飞机跨洋飞行。同样，空客 A380（QF32 航班）表明，即使是四发的飞机中的单发发生重大故障，也可能造成非常严重的事故，而空客 A320（US1549 航班）表明飞机也会在起飞不久后就完全失去动力。

所有上述事件都是用来自基本知识的解决方案处理，所有这些都发生在操作程序无用的情况下。

在美国航空公司 96 航班和美联航 232 航班飞机上，当飞行员无法用常规手段控制飞机时，发现可以通过操纵油门杆来重新获得一些控制时，事件就出现了转机。

让飞机安全降落的过程涉及了基本知识。全功率可以使机头上升，而减少功率可以使机头下降。其中一台发动机动力增加可以使该侧的机翼上升，开始转弯。

在 US1549 航班中，飞行员意识到一旦系统失去动力，飞机可能会失去更多系统。使用辅助动力装置——用于起动发动机的小涡轮机作为发电机，可以保持系统运转。

此外，计算飞机是否能到达机场也很复杂，尤其是飞机正在飞行中。然而，有一个常见的飞行员判例可以代替这种计算。在风挡玻璃上找到一个固定点。如果固定点上移，飞机将不会到达该点；如果固定点下降，飞机将飞越该点。对于在没有准备的地方降落的飞行员来说，这种启发式方法极其常见，但对于航空公司的飞行员来说，这是一个非常新奇的知识点，与他们的日常实践无关。

QF32 航班是另一种情况的体现。两个不相关的发动机停车是如此罕见，以至于一些双发飞机认证时需满足为当单台发动机发生故障，另一台发动机可飞行超过 6h。那么，在第一台发动机故障之后立即出现第二台发动机故障极为异常，特别是如果第二台发动机就在机身的另一侧。

此外，飞行员可以从飞机的反应中感受到发动机是否提供动力。结论是：如果系统发出错误信息，飞行员会假设飞机不仅只发送一次错误信息。这会造成飞行员对系统数据的不信任。从那一刻起，他们会把数百条告警信息放在一边，相反，他们会表现得就像在驾驶正常飞机一样。

BA38航班是另一示例。在接近希思罗机场的过程中，一架双发飞机停止工作，飞行员清楚地知道飞机将无法安全降落甚至坠毁。飞机在最后的进场需放下襟翼：襟翼可让飞机保持速度不变降低高度。

当机长意识到飞机可能会撞上进场通道上的建筑物时，由于他们有足够的速度来采取不同的措施，他收起襟翼。这意味着飞机会飞得更快，这样飞机可以更慢地降低高度。

这样就避免了撞上建筑物，相反，飞机在非常接近跑道的地方迫降，且没有人员遇难。

最后一例，Gimli滑翔机（加拿大航空143航班被称为基米尼滑翔机事件）事件：由于计算错误，一架波音767飞机耗尽燃油，两台发动机在空中停车。唯一能到达的机场是一个短跑道的滑翔机机场。由于飞机的高度超过了指定地点降落的要求，而且只有一次降落的机会，所以飞机开始侧滑，这在滑翔机和双翼飞机中很常见，但在这么大尺寸的飞机中从未用过。

因此，这些幸免于难的案例体现了人为因素的重要价值。

紧急情况下，用来重新控制局面的知识并不是针对飞机或当时的情境。恰恰相反，这些知识通常是飞行员的常识或背景知识，而在关键时刻，这些知识成了解决问题的关键。

这将引起关于人类贡献的新问题：

（1）应该如何设计培训，以保证这些能够在关键情况下触发正常操作的基本知识都存在?

（2）如果设计一个信息系统，能够处理像这样复杂的情况并得出类似的解决方案，那么这个系统是否能够在事件发生的有限时间内快速解决问题?

这些问题并没有明确的答案。此外，对事故的研究集中在所涉及人员了解的事实和其拥有的知识。很少有知识的来源或如何学会这些知识。

这条规则也有少数例外，例如，“Gimli滑翔机”事件中的一名飞行员是滑翔机飞行员。此外，他对他们降落的机场很熟悉，像侧滑这样在商业航空中不常见的机动动作，是头脑中动态的知识，而不是简单的好奇之举。

如今，一些飞行员从一开始就接受了驾驶大飞机的培训，从模拟机开始训练。

当他们开始飞行时，他们从未驾驶过轻型飞机，也从未单独飞行过。很难指望这样的飞行员能做出像 Gimli 滑翔机事件那样的处理方案，因为他们完全不可能想到这样做。即便是他们也可能知道有这样的操作，但他们过去从来没有执行过类似的操作。

另一个案例是 QF32 航班，除了机型原因，还有人员背景知识的影响。机长在以该航班命名的图书中提供了一些关于他自己的信息，《QF32》一书中出现了一些有趣的数据。

从年轻时起，机长就对事物的工作原理感到好奇，喜欢组装和拆卸摩托车发动机等设备。当计算机变得无处不在时，他开始怀着同样的好奇心摆弄它们。在航空领域，他曾是一名军事飞行员，驾驶过直升机等多个机型。这种知识储备正是他认为来自飞机系统的信息并不可靠，以及他决定最好的解决方案是回到基础知识的原因。

对于许多以目前公认方式接受培训的人来说，回归基础知识就意味着无处可去。个人知识储备是报告系统缺失的信息——报告中对数据的选择和放弃都已高度标准化。

一个开放的问题如“你是如何想出这个解决方案的？”似乎不切实际，但它对优化招聘结果和培训过程非常有用。无论是成功还是失败，这些知识储备的重要性应远超出执照、等级、日期和飞行时间。

3.4 人类的贡献

到目前为止，我们一直专注于以戏剧化的方式展示人类在特定活动中的成功或失败案例。

我们没有考虑失误和其他错误，这些错误虽然常见，但通过遵循一些基本规则似乎更容易管理。例如，在有人发现襟翼和起落架操纵杆位置相邻、形状相似之前，经常发生混淆这两个手柄的事情。

长期以来，人们对照飞机检查单来防止失误，该程序包括了现有的最佳实践，以避免把已知问题当作新问题来处理。

因此，不应认为某些任务是人类的贡献。这些任务虽是由人类完成，但并不需要他们有任何解决问题的思考或任何特殊技能，而只需以明确规定的方式，按照预期完成任务即可。

在某些方面，这些任务是机械性的流程或是遵循规则的机动，除非故障发生，否则并不涉及具体的人类操作过程。然而，随着技术发展，在取消这些低价值和机械性任务之前，应该考虑它们对社会的贡献，并让人类参与其中。这些任务可能比预期更具价值。

1963 年，赫尔德（Held）和海因（Hein）进行了一次经典试验：两只猫有相同的视景，但参与的方式却不同。其中一只猫在绕轮运动，而另一只猫位于由第一只猫拖着的拖车上。拖车的猫视觉感知正常，而第二只猫，尽管有着相同的视觉输入，却产生了错误的感知。

任何人为因素研究者都知道，人是更好的执行者而非监管者。因此，他们不会接受第一起自动驾驶汽车事故后出现的那些声明，这些声明可以概括为两句话：

（1）自动驾驶程序比人工驾驶好。

（2）除了将手放在方向盘上并保持警惕外，什么都不要做。

厌倦和警觉性是不相容的。因此，应确定由谁监督一些明确的基本任务，以及它们是否可以自动化，这不仅是一个技术可行性问题。

有些任务本身不会增加价值，但它们将有助于使飞行员了解情况，从而保持正确的态势感知。这些“低价值”活动并不能体现人类的贡献，但最终会成为在必要时扭转局面的前提条件。

同样，运输石油不是汽车的目标，而是发动机运行的条件，其中一些价值较低且容易自动化的任务应该保留现状而不是自动化。

例如，中央咨询和告警系统（CAWS）旨在防止对单一问题发出多个告警。CAWS 会抑制二级告警，以避免不必要的混乱的噪声。一般来说，这种做法是积极的，如果设计得当，该系统几乎在 100% 的情况下都能正常工作。

然而，在某些情况下，问题交织在一起可能会掩盖其中最关键的问题。下面这段来自越洋航空 236 航班的官方报告，一架飞机在降落时由于燃油耗尽，两台发动机都停止工作。

5 点 33 分，白色脉冲式的电子集中监视系统（ECAM）咨询出现 ADV 信息，并显示在发动机及告警显示（E/WD）的备忘录区，表明左右机翼油箱燃油相差 3000kg。在正常情况下，ECAM 告警会在系统显示（SD）上显示出燃油系统页面。然而，机组人员手动选择发动机系统页面时，抑制了燃油页面的显示。3000kg 的燃油不平衡是异常情况，一定会有页面提示。为了确定所需的纠正措施，机组人员必须查看燃油页面，判断脉冲燃油量指示，然后参考快速参考手册（QRH）中的相应页面。

除了本应增加清晰度的系统行为可能会延迟关键事件中的行动之外，自动化程度较低的流程可以对事件发出早期告警。

在紧急情况真正出现之前，早期阶段会暴露一些可能会错失的但是能真正解决问题的线索。事件的演变提供了信息，在到达紧急阶段之前，飞行员可以收到有用的数据来解决这个问题。否则，一个紧急情况突然出现，飞行员更难以知道发生了什么。以下文字摘自 AF447 航班官方报告，正是这种情况。

当机长回到驾驶舱时，尽管飞机高度接近他离开时的巡航高度，但飞机正在快速下降。在这种情况下，由于没有经历完整的事件序列，机长很难做出判断。他需要向副驾驶询问事件的先后发展情况，但由于情况紧急以及副驾驶（PNF）语气凝重，影响了机长的询问。

在目前的环境中，也许有一个很大的问题，人员仅被当作“信息处理器”，而忽视了人的真正价值，特别是在高风险环境中。

社会学家埃德加·莫兰（Edgar Morin）说过，机 – 机组合优于人 – 机组合。因此，如果设计者坚持把人作为机器的一部分，他们总会发现机器能更好地完成工作。

因此，如果系统的发展是通过降低人类作用，通过减少招聘和培训需求，或引入对用户操作不透明的系统，那么，没有人会对机器的表现优于人类感到惊讶。

因此，重点是定义特别需要人类活动的情况，而不是创造导致人类工作低效的情况，从而证明机器取代人的合理性。下一步是定义可在需要时可用的流程。

对于许多设计者来说，人是在某件事情失败时可以使用的应急资源。与此同时，他们可以执行难以自动化或自动化成本高昂的任务；也就是说，人们一直执行着临时任务，直到技术发展到能以更廉价的方式执行这类任务。

然而这样会将人排除在外，当紧急情况出现时，要求人们能保持清醒，并解决问题。正如我们所料，人们会在这种对人不利的环境中犯错。

当然，还有培训的问题，但不仅仅是培训。完成任务和工作的环境必须以一种能够产生态势感知和保持警觉的方式来界定。

对于如何保持警觉，一些设计者试图找到变通办法：引入无用的活动来保持人作用的活跃性。然而，这些活动一旦被确定为无用活动，则不符合预期目标。不停查看检查单或位置报告并不是正确的方式。同时，像“黑暗驾驶舱”（只显示超出参数之外的数据）这样的做法也无助于保持态势感知。

人参与其中的主要理由是，人可以对环境提出质疑并给出创造性的解决方案。然而，这只有在将环境设计成能够在正常和非正常情况下保持充分和连续的态势感知才会有效。

期望飞行员带着“洞察力”来管理不可预见的情况，一些案例表明这种情况已经发生。然而，洞察力的出现需要系统和管理方面的支撑。

系统提供的不仅是赏心悦目的界面；它必须提供功能性信息，用户可以浏览抽象画面确定因果关系。一旦识别出这些联系，系统必须允许用户采取行动，而不是由传感器触发自动系统约束或误导，因为这种关系可能被经过一般训练的普通用户完全忽略。

关于用户方面，如果系统必须提供功能性信息，用户必须能够完全理解，而不是简单的“窗口知识”。正如班尼特（Bennett）和福拉赫（Flach）所确定的：

考虑进行与操作者信息处理限制一致性，而不考虑与被控制领域有关的信息丢失的设计，最终会使问题简单化，并可能产生一个非常脆弱（不稳定）的控制系统。

这意味着旨在用简单的界面构建复杂系统的实践发生了重大改变，当然，这也意味着要在招聘和培训方面做出重要努力。加里·克莱因曾自问，为什么在大家都共享信息的情况下有人能想出解决方案而有人不能。答案是这与想出解决方案的人的特点密切相关。在进一步讨论之前，可以预测所建议的个人能力将与招聘中的个人能力需求大相径庭。

从信息处理的角度来看，人们普遍认为计算机比人速度快，但事实并不总是如此：

人类的处理模式可以击败计算机，因为人类处理的特点之一是“停止规则”——即定义何时不再需要分析的规则。此外，分析多个记录信息，通过消除不可行的选项而不是花费时间去处理，人类得出正确的结论所用的数据远少于信息技术所需的数据。

不是所有的地方都需要人类参与，但开放环境中的高风险活动需要人的参与。那么，环境设计应有利于人特性的存在和作用发挥。

如前所述，航空有两个特殊属性需要人类发挥作用。

（1）不能停下来解决问题（冻结）：与其他领域不同，飞机不能立即停止飞行，飞机会一直保持高速飞行，任何潜在的事件都必须在飞行中解决。

（2）有限的资源和人员：尽管通信有所改善，而且有空中交通管制员的帮助，但飞行中机组成员基本上是独自处理事件。可以有更高级别的官员或者其他一些比飞行员更了解情况的人，但这些人往往并不置身于飞行环境之中。决策和随后的行动主要是在当场进行，得到的支持非常有限。

没有人能够预见未来，也不能预见在不同领域人类和技术的正确组合是什么。任何试图找到正确方法的人都应该认识到下面两个问题：

（1）技术发展：许多人被人工智能、机器学习等美好前景所蒙蔽，但技术并不像人们所想的那么先进。然而，虽然技术有显著进步，但一旦无视市场的多种反应，就不能成功地预测技术的潜力。

（2）人的发展：正如前文所述，本书不是反对技术，而是反对设计不当的技术，这些技术不仅不能发挥人的潜力，而且还导致他们陷入不利或不希望出现的局面。

在技术方面，以前开发人工智能时曾犯了一个严重的错误。人工智能的先驱们低估了人类智力的价值。人脑是不断进化的产物，他们期望通过使用计算机获得更好的结果，却忽略了大脑的工作原理。

因此，人工智能的早期用户试图从零开始，以避免缓慢和无计划的演进导致缺乏实际可用性。

事实表明这并不正确。人脑在一次又一次的任务中击败了最快的计算机，尤其是（但不仅仅是）在开放环境中定义不清的任务。

如今，情况有所不同：新一代技术专家正试图分析大脑的工作方式，以及确定在新的情况或定义不明的情况下让人脑能够出色表现的特质。一旦明确了，技术专家会面临三个挑战：

（1）处理：开发者应该保留计算机已经优于人类的那些功能，同时寻找新的方法来处理类似计算机的模型不可用（无法计算）或非常慢的情况。

（2）学习：与人类不同，计算机可以以惊人的速度处理数百万种特殊情况。计算机应该模仿人类的做法，而不是一般的抽象模型。

然而，以有序的方式处理这些信息，并确保相关的模型可用非常困难。查找和储存信息很容易，以正确的方式处理信息却很难。

（3）转换：卡内曼提到了两个系统：一个专门针对人类的系统，经常犯错，另一个是类似计算机的系统。卡内曼警告人们不要抛弃第一个系统；这就是为什么人们在以类似计算机的方式处理信息时会犯错误。

人们会在最终的人工智能发展中发现类似的问题：也许计算机将无法在需要断开时，按顺序断开处理信息。

对于新的人工智能浪潮来说，这些都很不容易。与过去的情况不同，这股新的浪潮似乎正在更直接地解决这个问题。然而，他们所面临的问题——将人类特质的积极一面输入计算机中——非常复杂，而且目前还不可行。

也许在未来，可以设计一种两全其美的智能系统，综合了人类和计算机的优势。如今，这并不可行，当新的和不可预见的事件（简而言之，那些对于类似计算机的方法来说过于复杂的事件）出现时，需要人类的能力。

不可能把人放进一个应急的玻璃盒里，在需要时启用人类。当以这种方式为设计导向时，多起事故已表明人类会错过关键信息。因此在不好的设计中，作为应急资源使用的人并不能按计划工作。所以，人们会失败，但失败是无视人类特质的设计产物。

回到《商业内幕》上特斯拉致命事故后发布的一个声明：

因此，如果您拥有或租赁特斯拉，请您遵守：如果使用自动驾驶，在任何情况下都不要把手从方向盘上移开。把该系统当作高级巡航控制，仅此而已。

不同领域的接口设计者都会认可这种说法，但遗憾的是，人类并不是这样工作的。就像不同的系统有不同的用户手册一样，用于人员管理的用户手册也应存在。如果是这样的话，该手册应明确指出不能要求人们既感觉无聊却又警觉，即监督一个选定的系统，但同时还需保持充分的态势感知。

在某些环境中，似乎隐含着将人作为应急资源的需求；正如我们所见，这并不可行。发挥人的作用意味着保持活跃，即做更多的事情，而不是让他们完成一些由计算机就可完成的常规任务，如位置报告或例行检查。否则，就会进入一个关于人的贡献是什么的困惑：

（1）人不符合保持态势感知的基本条件。

（2）由于失去了态势感知能力，当紧急情况出现时，人对情况的管理能力就很差。

（3）由于管理不善，人类发现人的贡献微不足道。

（4）既然计算机可以表现得更好，那就可以淘汰人。

可以说，像 US1549、QF32、U232、AA96 或其他航班的案例，人类的作用是显而易见的，但这类事件很少，因此将人从系统中移除是应该的，因为这类事件中，人为错误导致事故的概率高于反应迟钝、速度缓慢或运行出错的计算机导致事故的概率。

虽然没有具体的数字为相反的观点辩护，但许多事故在紧急情况出现之前就已经避免了；也就是说，在潜在事件变成紧急事件之前就对其进行干预。即使是怀疑出了问题，一次微小的干预也能在事件演变成紧急情况或事故之前得到解决。

像这样的重大事故很少，但可能导致重大事故而在早期阶段就被阻止的微小事件却很多。这并不容易，因为没有专门的捕获系统，但通过向报告系统数据库提出正确的问题，可以捕获许多这样的情况。

搜索“通过高度态势感知避免的重大事件”或类似事件十分困难，因为并不存在这样的类别。相反，这些非常重要的案例必须在文本搜索结果中寻找，如“自动化故障”“传感器故障”“错误告警”和其他选项。

除了那么熟知的、有影响力的干预措施外，将人员从系统中移除会导致新的事故，而这些事故通过常规措施可以避免。对无数微小事件的忽视，却只有通过有意识地寻找这些事件才会发现，这意味着从系统中移除人员的考量都基于错误的输入。

例外事件由于其特殊性而信息量不大，而有可能转化为紧急情况或事故的普通事件则可能传递被忽视的重要信息。

只有在处理重大紧急情况时，才体现出人类的价值。人类的贡献主要是在事件早期避免其发生，这是设计系统时需要谨记的事情。

第 4 章　人作为替代资源：可行性和要求

导读：本章主要讨论了人作为可替代资源的可行性。强调了航空安全水平的提高不应仅仅归功于技术，还应归功于航空安全是一个由人与技术共同组成的系统工程。提高航空安全水平，需要解决的首要问题就是技术与人的正确角色。随着自动化技术的广泛应用，导致了人被替代效应的出现，然而引入复杂的自动化系统，可能会导致新的失误模式的出现，从而引发严重的航空安全事故，对航空安全造成负面影响。因此，在采用自动化技术时，首先定义可由人可执行的任务及其原因。但随着重大技术的一次又一次突破，许多可由人执行的任务也实现了自动化，可由人执行的任务一次次地被重新定义，但仍然需要在系统设计阶段对其进行明确的定义。

正如第 3 章所述，人虽然是主要的替代资源，但如果要充分发挥其在商用航空中的作用，必须满足一些条件，而这些条件将用于定义一个适合发挥人的功能的环境。

正确利用技术和人类资源是需要解决的首要问题。要解决这一问题，需假设目标是实现最高水平的功能，即效率与安全的正确组合，由于这是一个高风险的工作，因此该目标应发生在异常情况或降级情况之下。

此外，随着自动化技术的发展，只要一切按预期进行，就可以确保操作的顺利和安全。然而，经常有要求人们在降级情况下尽其所能的情况，为此，人们将需要一些资源，而不仅仅是在紧急情况发生时提供信息。

为了正确处理紧急情况，需要在一切正常运行的情况下采取一些措施。在 AF447 的官方报告中可以找到对这一原则的最好阐述，该报告指出，对于机长来说，由于异常事件发生时，机长并不在现场，因此机长无法对异常情况进行正确评估，而当他发现情况时，已经为时已晚。通常所说的“处于回路中”是对这一事故的最好描述。因此，应该研究目前的做法是否有助于实现这一目标，如果没有，需要怎样的替代措施。

4.1　通用惯例

最普遍的做法是采用能够提高效率的技术，通过提出深层次的问题，从而引出与其充分性相关的一些问题。

即使从人因工程（纯物理）的角度来说，分配给人们的任务都是经过精心设计的，但是他们内部仍然缺乏一致性。

对任务进行可行性评估，也就是其物理特征、技能和工作负荷是否允许执行该任务。在态势感知至关重要的环境中，需要保持态势感知所需的信息仅仅只是系统的一个输出项。

在设计中没有考虑通过执行特定任务（除了对信息系统的查询）来引入态势感知的可能性。此外，在目前的环境中，一些可以保证态势感知的任务（通常与手动操作有关）并不存在。

例如，手动驾驶非电传飞控（FBW）飞机，意味着飞行员可以感受操控飞机的重量和飞机的运动趋势，可以为飞行员提供配平、重心和速度提示信息，处理这些信息可能会导致燃油供给的改变。

然而，由于精度要求，在缩小垂直间隔（RVSM）空域无法进行手动飞行。

这并不是唯一的案例，它可以扩展到其他活动中，例如起飞计算。在阿联酋航空 407 航班机尾撞击事件发生后，澳大利亚当局在其官方报告中指出：

在这次事故之前，已经发生了大量的运输类飞机因错误地使用起飞性能数据而导致的大量事故，正如 ATSB 研究报告中所指出的那样，这类问题仍在继续发生。七个调查机构都一致认为这是一个重要的安全问题，并对相关因素进行了研究。

通过对先前的研究和类似事件的审查发现，这些事件并不针对任何特定的飞机机型、运营商或地点，唯一的共同因素是当机组人员试图起飞时，均没有意识到起飞数据并不适用于该航班的飞机。

尽管故障的方式不同，但其结果和对飞行安全的影响是相似的，因此，应该从更大的安全问题角度来看待此次调查。

“更大的安全问题”可能恰恰来自于自动计算，如果输入的数值不正确，尽管该数值仍处于可接受的范围内，但仍然可能导致重大安全问题。换句话说，当组织或程序首先由效率驱动时，该系统中的错误也将是有效的。一个小小的输入错误往往会导致更大的安全问题。

这些例子显示了一些通常不在设计者考虑范围内的事情：任务本身就是信息源。然而，最常见的选择是将那些通过技术无法有效执行的任务分配给人来执行。

工作流程是由程序定义，而不是由内在一致性定义。此外，当有人试图实现内在一致性时（例如，允许采用从左到右和从上到下的方式对元素进行检查），经验表明，不同的意外情况通常会导致预先设计程序的崩溃。

由于人可以单独或与其他任务或信息系统的输出共同保持或提升态势感知，因此没有给人分配任务。如果没有更有效的方法可用，可以通过任务分配来实施，但并不是因为任务分配更有意义。

影响效率的主要因素是成本，且取决于技术改进程度和经济规模的大小，因此人的作用总是受到质疑，且受到技术进步和使用先进技术带来的利益持续存在威胁，有时甚至超出了合理使用范围。

这种做法远非完美，但遗憾的是，它具有非常清楚的经济意义：如果可以将这些东西吸收到技术中，那么它的成本远远小于使用人的成本。因此，对易于被技术吸收的东西进行评估的动机非常强烈。

无论如何，必须承认，这是一种通用的流程，虽然方式不同，但坚持同一原则；也就是说，使用人力成本更高，一旦技术允许，应该尽量避免人力成本。

在该流程中需要确定不同的里程碑，也许当今最相关的问题就是信息技术的突出地位及其副作用。电传飞控及自动化技术的发展与应用是航空业的一个巨大飞跃。目前，航空业正致力于引入人工智能和机器学习，将在后续章节中对此相关内容进行分析。

最后，许多倾向于技术的人可能会认为安全水平的提升可以证明该方法的正确性，但是该方法却遗漏了一些东西：安全水平的成功提升不应仅仅归功于技术，还应归功于这个由人与技术共同组成的集成系统。

这听起来像是试图将优势归于人，而不是技术，但现实却远非如此：由于许多人为干预措施不受重视，尽管这些干预措施的目的是避免出现紧急情况或重大事件，因此，在做出决策时并未考虑到人和技术的作用。

把人当作“垃圾桶”，在没有成本更低的替代方案的情况下，由人来完成这些任务，这可能意味着未来还将付出沉重的代价。应该谨记以下内容：

（1）人类作用的最终消失意味着不再采取一些看似微不足道的措施，但实际上，这些措施是在对系统不断微调，如果在早期就停止这些措施，可能会导致出现重大事故。由此可知，进一步减少人的作用可能会导致事故率的显著增加。

目前，这一比率非常低，即使是在 2017—2018 年之间 900% 的增长也不值得分析，因为这是来自极低水平的统计所造成。然而，这种情况可能会改变。

（2）有些实践在实施后，会出现一段时间的“静默”期，但造成的影响可能会在多年后显现。减少培训实践正是一例：相对新的意外事故（尽管在过去几十年也可以找到一些异常的案例），从某种意义上来说，这是由于原因与结果之间存在巨大的不均衡，并且可以预计这类事故将会越来越多。

作为广泛进程的代表，信息技术正在被大力推广应用，旨在减少人的作用，这似乎验证了凯利（Kelly）之前提到的一种效应：

一旦一个微型系统验证了其在有限范围内的实用性，人们就会试图扩展系统的范围。这种微型系统的扩展不一定是坏事，但如果人们不能认识到，那些在有限的范围内合理的东西在范围之外可能并不正确时，就会带来麻烦。

这一易于理解的警告适用于与某些资源相关的事件，在该事件中，引导人们使用这些资源时已经超出了其有限范围。目前，由于信息技术的广泛应用，导致了替代效应的出现。此外，还有一个很难认识的问题：

信息技术的潜力非但没有减弱，反而以惊人的速度向前发展；因此，许多人相信它是一个不可阻挡的、无限的和全能的选择。

罗德尼·布鲁克斯（Rodney Brooks）曾经说过：“非常聪明的人一直在沙地上画条纹，他们肯定计算机永远无法绘制这些条纹，但计算机却一次次地这样做。”

值得注意的是，布鲁克斯并没有给出支持信息技术无限增长的原因，或者用他的术语，提供不了条纹（不论在哪里）不存在的证据。他只是简单描述了其对信息技术不存在的看法。当然，他的这种看法可能就像他所批评的“本质主义”立场一样有失偏颇（顺便说一下，这是正确的）。

因此，凯利对航空业发展提出的警告不应被忽视。将人从系统中移除或试图将他们作为一种生物机器，可能会带来负面后果，这是由于缺失重要但不可见的活动造成的，而这些活动既增加了整个系统的安全性，又增加了整个系统的操作性。

US1549 航班案例就是一个反例：这是少数几个没有人否认飞行员出色表现的事件之一，尤其是在运行模拟器测试之后。然而，很少有人注意到这位不知名的英雄——飞机本身。当飞行员设法使系统正常运行时，驾驶一款电传操纵的空客 A320 很适合这样的情况。该系统的保护措施使飞机能够没有失速的风险，并能够对飞行活动进行微小的修正，以最佳速度滑行。

因此，就像 US1549 航班案例的无名英雄一样，每天都会有成千上万的不那么戏剧化的事件发生在那些无名英雄身上。通过微小的修正，他们确保了航班的正常运行。

在进一步开展目前的工作之前，需要更多这类信息。技术将继续发展进步，但并不是所有的潜在发展路径都充分可取，因此，需要制定一些明确的标准定义修正过程，这是一个非常关键的需求。

4.2 替代模式

一个替代模式应该从相反的方向开始，也就是说，定义哪些任务需要人来执行以及原因。一旦保证了这一点，就可以对技术管理部件及其控制类型进行定义，包括对替代资源的需求进行定义。然而，定义任务为什么应该由人来执行，可能要比预期想象得更为复杂。

对于一些较为常见的情况，由于其复杂性、不可预料性或被视为紧急情况，因此需要由人来管理。也许，人们普遍认为，由人来管理这些情况更为方便。

一个案例是飞机在起飞过程中，发动机停止运转。从理论意义上来说，处理这种情况的方法非常简单：如果发动机停止运行，且起飞速度低于起飞决断速度（V_1）时，那么应该减小飞机动力，并确保飞机停留在跑道上，同时采取刹车措施。

然而，没有人足够信任自动系统能够处理紧急情况。系统可能会接收到错误的输入信号，并在错误的时刻触发程序，因此类似的情况也会发生在发动机点火时，尽管有几次飞行员已经关掉了发动机，但发动机仍然点火运行了。

必须指出的是，虽然紧急情况是由人来完成的，但在能见度不高或保持垂直距离很小的地方进行着陆时，则是由自动系统来完成的。

任何紧急情况都必须在空中解决，这也是航空业永远不可忽视的主要特点，而其他一些领域则不存在该特点：核电站配备有经济性的自动系统，一旦检测到异常参数，就会立即停止运行。汽车、火车、轮船——所有这些都可以停止运行，并在重新开始运行之前，寻找出解决方案。

遗憾的是，飞行时没有“暂停”按钮，这如同要求人们“在不能停止水流动的情况下修理管道”。这种情况在外科手术中极其常见，主要的区别在于潜在受影响的人数不同而已。

这会带来严重后果，可以用知识管理术语来解释：管理这种情况所需的知识应该在哪里？

在某些情况下，这些知识可能涉及高层或技术专家，但如果必须立即对这些情况进行管理，而且没有外部支持时，那么这些知识必须处于事件发生的地方。

如果预期的结果并不重要，有些活动可能会并无答案。因此，在建立其他资源的同时，应该为系统管理情况建立一个最佳水平，或者排除那些不能被系统管理的情况。

遗憾的是，高风险活动不能采用这种做法。这就是为什么紧急情况的管理需要由人来完成，这一点普遍得到了大家的认可。然而，这需要若干条件才能实现。把资源放进一个玻璃盒子里，以防止紧急情况时被破坏，该方法可用于火警，但不能用于人。

因此，次要任务仍由人来完成：尽管这些任务很容易实现自动化，并且如果被取消的话，将有助于减少人的工作量，但由于它们是态势感知构建系统，因此不可替代。定义这些任务，以及为什么由人来执行，而不是通过自动化系统来完成非常复杂的过程，可以作为一个完整的研究方向。

本文将对一些示例进行评论，示例中的自动化流程掩盖了一些难以诊断的问题，而这些问题本来可以很容易地被识别。尽管有必要对这类现象进行深入研究，但目前已经可以预估一些标准：

（1）从传统意义上来说，在研究人为因素时的工作重点就是避免出现错误。欧洲航空安全局（EASA）试图从人为因素角度打破这一趋势，但除了人的能力——也就是必须避免错误的领域，还应该考虑一些其他因素。

这可以用不同的术语来解释：成功和失败不是相反的两极。相反，它们应该在不同的维度上发挥作用。因此，错误的另一面就是避免错误，而不一定是成功。

正如克莱因所说，避免错误意味着，在没有阻碍的情况下，经常忽视成功或洞察力所需的条件。他使用了一个有趣的比较，来说明强调错误陷阱的负面影响，而不是为洞察力或成功创造条件。

4个字符的密码不如8个字符的密码安全，而8个字符的密码又不如16个字符的密码安全，但是一个100个字符的密码是否比一个16个字符的密码安全？在某种程度上来说，额外的工作量已经抵消了安全方面的增益。

因此，避免错误的工作可能意味着系统过载，与此同时，一些关键问题仍然没有得到关注。

洞察力可能需要对不同的行动有深刻的了解，除此之外，还需要由灵活性、不受阻碍优化知识的意愿和不断寻找错误的动力组成的思维框架。这种思维框架可以解释为什么有些人具备洞察力，而其他获得相同数据的人却不具备。

（2）应聚焦于找到态势感知构建系统，引导人们具备洞察力，从而成功地解决不可预见问题。以下两点都用于定义人的作用：

帮助设定正确的工作负荷水平：作为常见的人为因素知识的一部分，著名的耶克斯·多德森（Yerkes-Dodson）模型显示，在中等工作负荷水平时，人的能力与兴奋水平达到最佳匹配状态（见图4-1）。

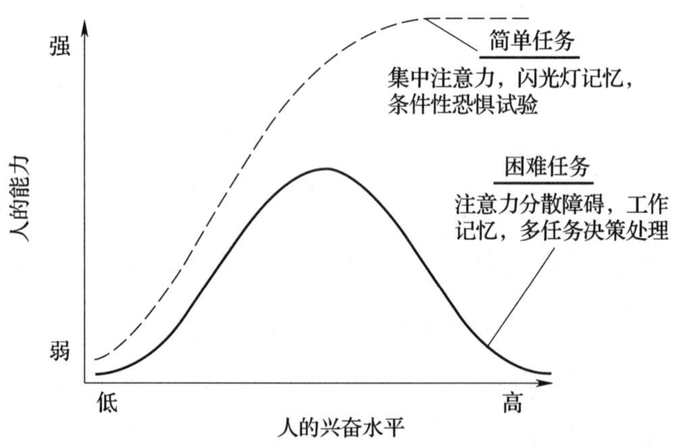

图4-1　Yerkes-Dodson模型显示了人的能力与人的兴奋水平的相互关系

遗憾的是，有些任务从未达到能让人工作效率最高的适度兴奋状态。这些工作可以从高负荷情形（在该情形下压力会使人犯错）转变为低负荷情形（在该情形下低的兴奋水平也会使人犯错）。因此，将任务设计为适当的负荷，让飞行员知道何时执行任务比执行什么任务更重要。

如果能重新将一些任务设计为自动化或在高工作负荷阶段实现自动化，那么可能会有帮助。同理，在低工作负荷阶段，执行自动化任务之前，最好再考虑一下：自动化流程可能会使飞行员丧失态势感知，出现意外情况时飞行员无法进行干预。

这类案例非常多。例如，燃油管理的自动化，会导致人们在早期阶段很难了解任何与燃油相关的问题（加拿大越洋航空公司 236 航班）。同样，与电传飞控相关的自动化，如果没有飞行控制的反馈（手施压力，中立点为正常或不正常位置，并保持两个控制器在相同的位置），显然不利于对态势感知（AF447 航班）。

此外，在标准状态下，许多与飞行相关的工作量从高到低（比如从起飞的高负荷工作到巡航的低负荷工作），出现意外情况时，可以预计到工作负荷突然增加，远远高于普通工作负荷。如果可以避免“飞行员失去态势感知”，那么就有很多机会处理意外情况。但是，这取决于事件的性质。因此，在次要任务中设置具体的人为选项，而不是默认的自动化选项，将广受欢迎。

一般来说，认识到上述的例外情况后，任何能保持飞行员兴奋状态的设置都是有用的，只要被认为是有用的——也就是说，不能让飞行员察觉这样设置是为了让其保持兴奋状态。比如，增加超出其要求的报告或常规检查不是有效的解决方案。

因此，一些有用的任务，即使它们可以很容易地被自动化，也应该保持手动操作，以确保满足态势感知与激励的要求。从某种意义上说，这些任务可以像救生员一样，使人们适应行动及参与到行动中。

另一个选择项与任务有关，其信息内容可以让飞行员了解正在发生的事情。它们的价值与激励水平无关，而是与所提供信息的内在价值有关。

在某些情况下，任务本身提供了有效的信息内容。但在其他情况下，尤其是当涉及信息系统时，情况就比较复杂了，此内容必须由设计人员提供。

也许在这一领域的最佳尝试就是使用生态界面设计（EID）概念，其目的是通过不同的界面层级来维持意义链。然而，尽管有很好的理论基础，但实际实施时并未像人们所期望的那样成功。

遵循必要的多样性法则，通过试图反映“真实事物”的复杂性，可以形成对未知或不可预见情况的有益设计，而商业活动可能比通常的设计更为复杂。也就是说，意义——效率被置于不同位置，更接近于意义。

总而言之，除了界面设计之外，任务的设计方式应该包含信息以及其顺序，可以增加有价值的输入，以维持态势感知。在某些情况下，这些输入可以来自于任务的内在内容。换句话说，它们可以来自于其维持平衡工作流程的能力。

通常情况下，设计师针对这些态势感知系统只有一个（错误的）答案：检查。人为因素知识和经验表明，人类是比监督者更好的执行者。

检查必须作为工作纪律的一部分强制实施。最典型的就是使用检查清单进行检查。德加尼和维纳提出了一个与关键项目冗余相关的警告：

尽管检查清单中的这种额外的冗余检查能够防止项目不被遗漏，但是对许多项目的过度强调也会降低机组人员的整体性能。如果起飞前，飞行机组人员已经进行了若干次检查，那么机组人员可能会降低这些项目的重要性。

尽管检查清单能够防止项目不被遗漏，但是对许多项目的过度强调也会降低机组人员的整体表现。由于还有一次另外的检查机会，因此这种想法往往导致机组人员错过重要的信息。

例如，2008 年 8 月西班牙航空公司的 JKK5022 航班在首都马德里出现事故，飞行员对检查清单中的一个关键项目（襟翼设置）未进行检查。就在飞机起飞前，机组人员提及要进行最后的项目检查，包括预定的襟翼设置。很明显，机组人员告知要进行检查，但飞行员实际上并未进行该项检查，导致该检查项目再次被遗漏，最终飞机发生了重大事故。

我们可以得出结论，多余的检查不是实现态势感知的方法，在可能的情况下，一个更好的解决方案是来自于直接反馈，而不是寻找一个特定的指标。一些例子将有助于阐明这个观点：

（1）在许多现代化飞机上，飞行控制系统并不是通过压力提供反馈。在过去设计的飞机上，单手放在驾驶杆上就足以感受到错误的重心趋势、燃油的不平衡，甚至于接近失速的情况。

（2）默认情况下，飞机使用自动配平模式，可能会掩盖这类信息直至事故发生，除非进行特别检查。

（3）自动驾驶仪的反馈可以让机组人员，在达到预先设定的告警水平前，就知道发生了什么。

飞行控制系统或推力杆的异常位置或任何意外的飞行将会被立即检测到，需要通过滚动菜单来获取这些信息。此外，它可能被认为是一项无用的官僚主义任务，因此执行这项任务更多的是因为组织纪律，而不是因为任务的价值。

在第一种选择中，飞行员将感知到自己的贡献价值，而在第二种选择中，主要与他们在飞行中的贡献相关，这不利于激励。当飞行员变成观察者时，检查项目很容易被遗漏。

因此，检查应该减少到一个合理的水平，而不是人为地增加，以保持机组人员的警惕性，避免其副作用。

在低工作负荷情况下，执行次要任务（包括信息内容）将是一个更好的选择。当然，制造商的理念和随后的设计决定了这些次要任务的可行性。

一个与燃油管理有关的例子。燃油非常重要，原因如下，一是与维持发动机运转有关，二是需对燃油的重量进行管理，以便将重心设置在正确的位置。

制造商可以选择简单的系统，少量的油箱和阀门由飞行员处理，而其他制造商则选择了更为复杂的系统，包括许多的油箱和阀门，其复杂性要求其必须自动化。

第二种方案可能会增加重心设置的精确性，但同时很难通过手动操作，这可能会更容易出现错误。因此，直接采用了自动化设计，包括所有的优点和缺点。

第一种方案会损失一些精度，但是手动更换油箱会提供信息，这些信息不仅包括燃油数量，而且还包括飞机如何飞行的信息。

与通过屏幕上特定菜单执行的复杂任务（自动进行常规检查）相比，手动执行简单任务可以提供更多的信息。

什么是更好的？从人的角度来看，简化的手动任务显然优于复杂的自动化方式。

用效率的差异来验证自动化的复杂程度是否合理？如果是这样的话，为确保效率，也许可以将系统设计称为半自动系统，同时，又可避免丧失态势感知能力。

最终，在没有有效替代资源的情况下，人的作用可以通过次要的默认任务来填补，但这些次要任务必须与主要任务兼容。

因此，如上所述，本文的主要观点是，任务设计的工作原理不能像“垃圾桶”一样，而是把所有能够自动化的工作全部自动化，剩下的其余工作则由人来完成，并采用警告、程序界面等来完成，以避免出现人为错误。长期以来，这也一直是手动操作的常见方式。

应该坚持以人为中心的设计原则，但让事情变得更复杂的是，这造成了永久性的任务审查。因此需要手动操作的地方出现了新的情况。

以一个导航任务为例。过去，导航是一项复杂的任务，远比飞行更复杂，正如一些示例所示：在第二次世界大战期间，所谓的“波莱罗行动”（Operation Bolero）指的是使用当时的导航执行穿越大西洋任务，一个专业的导航员可以为若干架飞机导航。

如今，任何飞机都能精确定位，误差不超过几米，即使是在海洋上空飞行的飞机也不例外，并且机组人员的工作负荷也未增加。

此外，随着技术的发展，导航资源越来越多，这使得过去很重要的知识已经过时。因此，随着技术的一次次突破，也对人类可执行的任务进行了重新定义。

即便如此，定义人的作用的基本原则仍应保留：人的作用不能通过默认来定义，而应在设计阶段根据明确的意图来定义。

已经多次提到，如果人们要管理紧急情况，态势感知必不可少。态势感知概念本身已经很清晰，足以表明所要解决的问题，恩德斯利（Endsley）已经开发了一套完整的模型，包括不同层级的态势感知（如图 4–2 所示）。

在某些方面，态势感知的不同层级可能与具体的经验相关：人们从感知分散的元素过渡到用最显著的元素拼凑出一幅态势感知画面，最后形成一部“电影”，从中可以预见后续将发生什么事情。

态势感知的质量是决定决策质量的基本要素，因此，可以根据与任务的相关性及风险，来定义执行特定任务所需的水平。

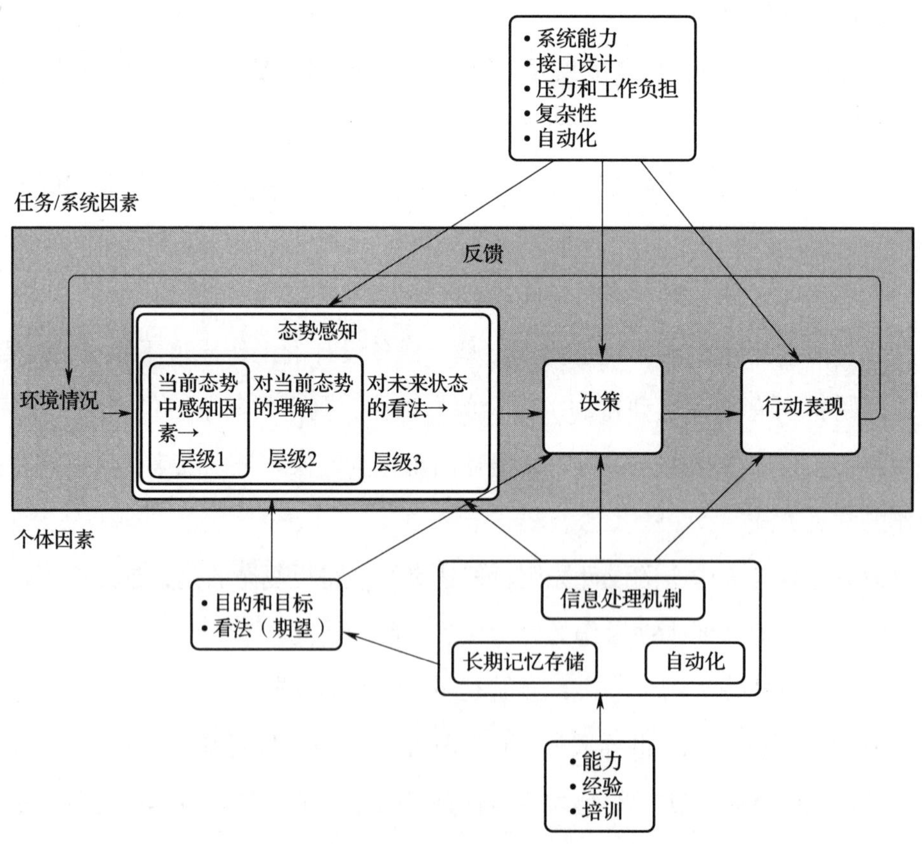

图 4–2　态势感知模型

正如所预见的那样，该模型受到了一些批判。主要的批评之一是缺乏明确的意义。恩德斯利（Endsley，2015 年）驳斥了这一意见，指出即使层级 1 数据倾向于由明显可观察的、有意义的信息组成，更高层次的理解和预测无疑是更高级的，深刻反映人的“意义”的评估。

意义具有双重价值，并与激励和绩效相关：

（1）如果人们对任务的有用性有明确的认识，那么他们就会自愿执行这项任务，而这种认识来源于任务本身或者培训过程，同时这也是最佳选择。

（2）如果人们能够认识到所执行任务的意义，那么他们就能够管理意外情况。

实际上，如果人们的行为没有被赋予意义，他们将会创造意义，如果他们的猜测是错误的，他们可能会以意想不到的方式偏离程序。

在许多案例中可以发现，任务执行者忽略了任务的相关性，因此任务是以不完整或不正确的方式执行的：

（1）美国航空公司 191 航班：拆除发动机的程序分为两个独立的阶段，拆除发动机和拆除发动机挂架。但由于这个过程非常耗时，且双重连接断开的过程中容易出现错误，因此工程师们发明了一个流程，可以将发动机及其挂架一起拆除。为了做到这一点，他们必须在发动机下面放置一辆小车，用于支撑发动机及其挂架。如果小车放置的位置不正确，那么发动机挂架与机翼之间的连接元件就会被损坏，因为该元件设计时就不能承受发动机的瞬时重量，正是这一失误，导致了美国航空史上最严重的事故。

（2）阿拉斯加航空公司 261 航班：对于一件维护人员很难进入其内的部件，制造商规定了检查时间。由于该部件不承受主要压力，航空公司要求将检查时间延长。这个申请得到了许可，但最终该部件出现了故障，导致了一场重大事故。

（3）阿罗哈航空公司 243 航班：尽管制造商已提出对机身上的螺栓进行检查的需求，维修工程师忽略了这项任务的重要性，只是抽取了其中一个样件进行检查，有缺陷的螺栓正好被遗漏，因此，机身的一部分被撕裂，脱离了机体。

在其他一些情况下，如果任务是以自动方式执行的，那么仅仅知道行动的意义是不够的。詹斯 · 拉思穆森的模型显示了这种故障源是如何工作的（见图 4–3）。

通过任务设计或关联培训中的意义构建，可以在基于知识的层面上保证正确的行为。这对于尽可能多地消除故障源是非常有用的，但许多失误来自于不需思考地机械化自动操作。

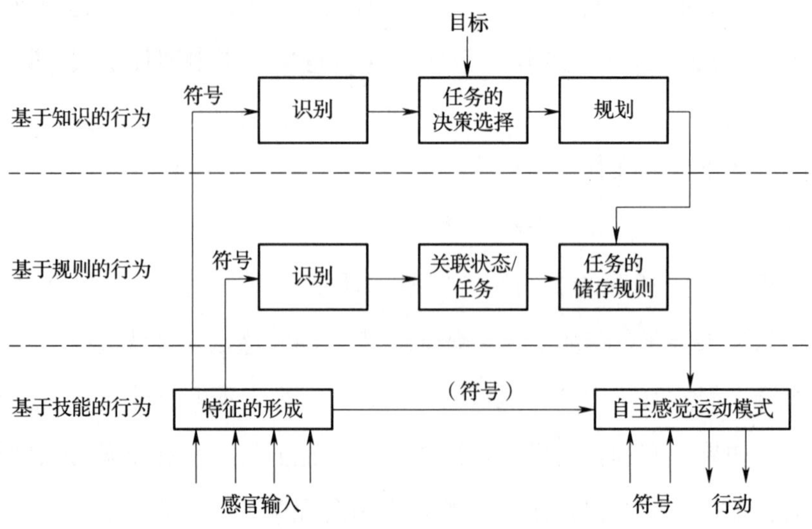

图 4–3　技能、规则和知识（SRK）模型

实际上，日常行为中最重要的部分都是自主进行的，但了解了行为的相关性并不能避免错误的发生，下面的示例可以说明这一点。

习惯于开手动挡汽车的司机，在驾驶自动挡汽车时往往可能会遇到问题。在最初的几分钟里，可能会用左脚踩刹车，同时试图踩在一个不存在的离合器上。最常见的现象是，由于猛踩刹车导致事故。

同样地，习惯于开自动挡汽车的司机，在驾驶手动挡汽车时，由于长时间不进行换挡操作，可能会对汽车发动机造成损害。司机也可以通过刹车让汽车停下来，但同时也可能会无意中使发动机停止运转。

当然，在上述两种情况下，司机都了解自动驾驶已经取代了知识，但错误还是会出现。正如卡内曼在《思考，快与慢》一书中所指出的，自动系统不能随意断开。

当自主行动时，仅有知识是不够的，可以采用以下三种解决方案：

（1）物理设计：狭窄的刹车踏板可以避免剧烈的刹车。通常情况下，当司机误踩刹车时，并没有踩到踏板的中心，而是踩到了踏板左边的弯角，因为司机使用左脚寻找左刹车踏板（手动挡汽车使用左脚刹车，而自动挡汽车使用右脚刹车）。

（2）警告：可以告知习惯于自动挡汽车的司机换挡。这个警告非常普遍，甚至于在手动汽车中也存在，这对于新司机和驾驶自动挡的司机都非常有用。

（3）程序：司机往往会在普通程序的基础上采取一些“附加”措施。例如，习惯于开手动挡汽车的司机，在意识到潜在错误时，可以隐藏左脚，弯曲腿，把左脚放在右腿后面。当采用这种方式时，机械动作就会受到干扰，发生错误动作的机会就会减少。

遵循共同的标准，并保证设计的唯一性，问题将不再出现。韩亚航空公司 214 航班事故的原因之一就是由于这种错误造成的，即同一功能拥有两种不同的设计，而飞行员来自于另外一个飞机型号，造成飞行员在重要项目上出现了失误。在发布的官方报告中对这一问题描述如下：

事故发生时，飞行员认为，飞行速度达到模式控制面板（MCP）选定的空速后，A/T 系统应该自动推进推力杆，飞行员没有理解飞机为什么没有进行这个操作。此外，飞行员认为，当飞机速度达到最小空速时，A/T 系统应该自动过渡到起飞 / 复飞（TO/GA）状态。飞行员认为波音 777 上 A/T 系统的功能与空客 A320/321 上的迎角保护功能类似。

必须指出的是，以自动方式执行任务并不是一种“懒惰”行为。实际上，任务的自动化能够有效地提升系统的性能，并且可以更自由地处理不同的资源和更多要求更高的任务。此外，应特别关注自动化如何导致较低的系统性能。

据说，一些著名的网球运动员经常会称赞对手的一记好球，使对手转移注意力，扰乱对手的自动击球意识，从而达到降低对手击球的表现。

因此，解决方案并不是将任务全部自动化，而是根据不同的规则进行管理。

SRK 模型建立了层级结构，其发展既取决于经验和任务设计，为人类带来了特有的贡献，并可用于对特定失误分析：

（1）当启动一项新活动时，可以预期与非自动化任务相关的高工作负荷——几乎所有这些任务都是如此。失误是可预见的，但它们来自于不同的源头。因此，采取的解决方案也是不同的。

（2）新手失误：很难区分主要问题和次要问题，信息流无法管理，导致了决策失误。

（3）专家失误：专家的学习不是从零开始，而是源自以前知识的积累。从以前应用的一些模型或假设中取得的经验，并不适用于新的环境，这也是专家失误的根源。

因此，需要对以下两点进行分析：学习过程和任务本身。这将回答一个问题：

任务的哪些部分可以实现自动化，哪些部分需要由人来处理？

任务自动化意味着释放资源，但对于不该自动化的任务，由于应用了错误的自动化进程，可能会导致系统出现错误。对于重复性的任务，可以实现自动化，但在某些情况下，这是需要避免的结果，因为它可能会导致出现错误。

有时，通过安装新设备也可以避免错误的发生，例如，阿联酋航空公司在飞机上安装了一个加速度传感器，以避免阿联酋航空公司 407 航班事故再次发生。

另一种替代解决方案是对任务进行分析，设计一个错误捕获程序，而不是重复错误，正如德加尼和维纳所指出的那样，重复错误会使人在第二次尝试中产生过度的信心。虽然同样的错误发生在不同的航空公司，但由于都是与相同的因素有关，因此可以重新设计任务，以避免自动化。

因此，与任务相关的第一个决策是确定哪些部分应该实现自动化，哪些部分应该避免自动化。任务设计时必须牢记这个目标，并使用不同的可用资源：它可以是不同的序列、特定的警告、位于不寻常位置的设备（如某些汽车后方的门把手，迫使在开门之前需先看后视镜）或其他选项。

然而，正如澳大利亚当局在阿联酋航空公司 407 航班的事故报告中所指出的那样，飞机仍然存在一个重大问题。虽然没有定义问题，但并不难找到：对于执行任务的人来说，输入和输出之间存在不平衡。一个看似微不足道的任务（比如在键盘上输入数字），如果分心、疲劳或其他因素结合在一起，可能会产生重大影响。

按照设计，完成这项任务不需要任何特殊技能，只需要集中注意力。许多其他任务也有这个特点：不需要高水平的技能或知识，只需要注意力，但在疲劳、时间限制或许多其他环境情况下会导致失误。

如果任务实践得足够充分，那么所有的任务都将趋向于自动化。对于特定任务，如果可以接受，那么程序就应该设计得比较直观，以便于过程实现自动化。

然而，有些任务并不需要自动化：一个明显的小错误可能会导致出现严重的后果，而另一些任务也可由于以往的经验而错误地实现自动化。如果过去以不同配置执行的类似任务由于自动化和潜意识而无法正确执行，那么应该对任务中的冲突部分进行详细解释。

当然，这是制造商在培训过程中需要处理的问题，但这不是唯一可行的方法：监管机构可以在界面或系统行为中强制执行这些标准，以避免出现这些错误。

如前所述，某些情况下如飞行控制的反馈，来自于自动驾驶仪的推力杆存在与否的影响。有关使用不同标准的著名案例就是俄罗斯人工地平仪的制造，以及飞行员之间不同格式的混淆使用。

尽管主要的监管机构已经明确规定了人工地平仪应该如何制造，但有些事故还是源于人工地平仪带来的混乱。

AMC 25.1303（b）（5）1.3：显示器应采用人工水平线的形式，相对于固定的参考飞机符号移动，以显示真实水平线的位置。

应该指出，这条规则是很久以前制定的。但是，俄罗斯制造商拥有自己的规章制度，在某些地方，这种规章制度的混合使用是难以避免的，特别是在使用俄罗斯军用飞机的国家，以及雇用由俄罗斯训练的民航飞行员的国家。

因此，这些差异不应该被忽视，谈论自己的系统而忽略其他选项的做法，会导致出现重大错误。如果作为商业政策的一部分，有人想要避免提及竞争对手，那么可以着重强调其系统在相互冲突的领域中如何有效工作。

对一个系统的工作原理一无所知，认为该系统一定和其他已知系统的工作原理相同，这是一个重要的、可避免的错误源头。如上文中所述的 G–KMAM 或韩亚航空公司 214 航班事故正说明了这类风险。

在监管机构方面，为人工地平线设定标准就是一个很好的案例：除了通用要求之外，还应为超出通用要求的系统制定标准，即使制造商对功能相同的系统使用不同的名称。

总之，在设计学习流程之前，必须对由知识驱动的任务进行分析：任务会变得更加自动化，而这种自动化进程可能会导致错误。如果可以预计负面效应，则应通过引入纠错元素（即在类似系统中采用不同的顺序）来避免任务的完全自动化。

另一方面，如果希望实现任务的自动化，在建立态势感知的同时，应定义程序以促进任务的自动化。

最后，制造商和监管者不应该忽视负迁移问题，他们应该制定需要共同遵守的接口标准。

下一个分析层级是基于规则的行为分析，这是一个非常重要的分析层，因为它是通向另外两个分析层（基于知识的行为分析和基于技能的行为分析）的入口。

简单的程序变成了技能，而在更深的层次上，学习过程超越了专门知识并提供输入，以便让用户了解系统正在做什么。否则，突发事件就不会有超出程序的解决方案（如存在）。因此，设计这些程序是为了防止出现错误，这些程序通常比较直观，且包含能够形成知识的行动和序列。

最后，分析的最后一级是基于技能的层级。由于这个层级是自主完成的，因此仅仅依靠正确行动的相关知识是不够的。即使知道要采取什么行动，但仍可能会出现错误。因此，当设计基于技能的任务时，无论是在学习过程的开始或者结束，应该充分考虑到先前任务，因为这些任务有可能会干扰既定的习惯。

如果做不到这一点，那么为了避免出现错误的后果，第二个选择应该是争论的焦点。许多事件已经清楚地表明，通用性与跨机组评级会导致错误。匆忙的飞行员可能忘记了他驾驶的是哪架飞机，他的飞行方式只适合驾驶 100t 级以下的飞机。

因此，如果制造商和运营商同时希望从通用性和跨机组评级两个方面来节省成本，那么就会出现两种不同的解决方案：

（1）通过改变程序来预防：从系统功能角度来说，并不需要进行这些更改。此外，可以通过微小的设计更改，来防止通用程序工作。然而，通过强制执行不同的序列，可以立即发现错误。

（2）关于特殊告警信息的争论：示例中安装了一个加速度传感器，当加速度值低于预期时，为飞行员提供告警信息。

总之，任务不应该是默认的定义，而是应该通过寻找最佳的态势感知水平，以及通过防止和遏制潜在的错误来定义。

一旦完成准备，当任务执行中拥有足够信息量且有助于保持正确执行任务的工作负荷，所有的自动化任务（或那些易于自动化的任务）不再导致错误时，就可以对哪些任务需要自动化以及其他任务如何自动化进行定义。

第 5 章　航空安全的组织学习：不同利益相关者的作用

导读： 本章主要从制造商、监管机构和运营商三个角度讲述其对航空安全的影响，以及它们之间的相互作用。在飞机制造商试图使自己的产品进入全球市场时，需要经过世界上两个主要监管机构美国联邦航空局（FAA）与欧洲航空安全局（EASA）的适航认证。目前，全球主要的两大飞机制造商波音公司、空客公司已经分别与 FAA、EASA 建立了良好的互信关系，有利于其飞机的适航认证，但同时也减缓了其新产品的更新进程。运营商需要购买价格低、运营成本低、使用维护成本低的飞机，并向用户灌输“如果飞机能飞，那么飞行就是安全的”思想，以追求高效益，但往往将航空安全排除在竞争因素之外，并降低了对航空安全培训的重视程度。

由于存在许多不同的利益相关者，因此关于航空安全的组织学习不应仅仅局限于单一的组织：美国各州都应关心其公民的健康，各州都依据自身或国际组织发布不同的法规，同时监督这些法规是否得到实施以及如何实施。

许多利益相关者都会受到影响：机场、空中导航、安保（由国家管理或是私人管理的）、制造商、运营商、个人专家，即所有的用户都会受到影响。

世上万物都处于与其他事物的普遍联系中，但这并无法解释事物是如何运行的。因此，就本书而言，分析仅限于制造商、运营商、监管者的作用和他们对学习过程的影响，这并不意味着要忽略机场、地勤、空中交通管制甚至是国际航空运输协会（IATA）或国际飞行员联合会（IFALPA）等利益集团的重要性，但这一重要性需单独进行分析。

同时，这种分析方法遗漏了一个重要的利益相关者：用户。不同的州通过管理和监督活动来关注用户，为了做到这一点，他们必须成为可靠的管理者。然而，用户自身却缺少必要的知情信息，这最终都会在分析中有所体现。

基于这些局限，本书从行为和动态变化两方面进行分析。在行动上，制造商、运营商和监管机构在激烈的竞争中几乎把控着整个领域，而在发生重大事故和系统结果令人不满意之前，用户一直被排除在外。

用户被排除在外令人十分惊讶，他们只能得到有限的、经过修改调整的口号“航空要比其他交通方式更加安全”。这一切都是为了获得盲目的信心和基于优先信息的支持。甚至市场营销实践也展示了他们是如何排除消费者：

低成本公司已经开始采用让其他运营商不满的做法，他们已经放弃通过为用户提供不同福利从而提高公司吸引力的方法，转而让用户花额外的价钱去避免麻烦。

因此，乘客花更多的钱来避免在值机柜台和安检排起长队（而不是更新设备提高服务质量，容纳更多用户），他们要求花更多的钱更换座位（这在过去是免费的），他们被要求为登机的随身行李付费（尽管它们的大小和重量都在限制范围内）。以上做法和一些其他的做法表明，航空公司并不打算吸引乘客，或者说是那些坐经济舱的乘客，而他们正是乘客的主要群体。据说，他们的选择受到价格和时刻表便利性的影响。

一旦建立这样的机制，运营商就会激烈竞争以取得最佳位置，只要他们有这样的位置，乘客自然会来，不需要了解他们需要什么，不用担心他们如何过来。

这就是为什么与最佳选择相反，乘客只在有限的范围内被考虑到。按照目前管理者的做法，他们是一半的利益相关者，也就是说，他们本可以回避一家公司，回避一架飞机或者回避坐飞机的出行方式，但如果他们想要选择飞机出行，在目前的情况下，他们几乎没有其他选择。

因此，本章将讨论法规的动态变化，包括法规的制定以及其动态变化对于制造商和经营者产生的积极影响和消极影响。

5.1 关键词

通常，风险是统计学术语，也就是说，风险是严重性和概率的乘积，该等式的结果表示着风险是否可以承受。

对这个定义并不存在异议，除非有人试图将这个结果向有利的方向改变，或者是真的存在错误。也就是说，对于未知或不可预见的情况，估算结果是错误的。即便如此，还是缺少一些内容。

莱曼使用“灾难阈值”概念来表示一个相关参数，但该参数没有包括在风险统计分析中。

人们接受这个计算结果，只有当结果超出了灾难阈值，这才被视为灾难。

很明显，由于空难存在潜在的严重性，因此空难被定性为灾难。基于统计的风险模型对其不适用，该模型只适用于预防运营风险，不适用于由假设和非沟通风险形成的公共效应。

在每一个影响风险的决策或规则背后，都有一个参数，称为可接受性（一个简单的词），其性质不是技术性的，也不是操作性的，而是社会性或组织性的。

可接受性可通过不同的方式表示：

（1）最明显的方式是不接受普通用户认为的不可接受的风险。然而，这是一个变化的目标，更糟糕的是，它可能会受到媒体对普通用户的影响。也就是说，一些情况很容易脱离主要利益相关者的控制。

（2）另一个不太明显的方式是对用户进行教育，告诉他们为什么有些做法比看起来更安全，使他们在重大事件前（假定风险可见）就已经接受。

（3）最后一个不太明显的方式是避免让某些做法广为人知，即使它们在形式上没有被隐藏。很多时候，似乎都选择这种方式，即假设风险隐含在灾难阈值概念中。

普通乘客可能会对以下事实感到惊讶：运营商和制造商在价格、路线、时间表和舒适度上进行竞争，但从来没有在安全上进行竞争。安全被排除在竞争范围之外，它只是一个基本原理：如果飞机（无论“它”对运营商、制造商、飞行员等意味着什么）能飞，就代表飞机是安全的。否则，飞机就会被监管机构阻止飞行。

监管机构代表用户行事，但要做到这一点，他们必须保持其信誉。一些监管机构并不享有这种信誉——尽管他们是国际民用航空组织（ICAO）的成员——而另一些监管机构在重大事件发生后被迫彻底改革其做法。

其中有两个重大事件对美国联邦航空局产生了影响，该局是国家监管机构，也是世界范围内的参照标准，他们对运营商和制造商的监控效果由此受到了质疑。

第一个事件就是 TK981 航班事故。尽管事故发生在巴黎，但也表明了美国制造的飞机在设计上存在缺陷，因此受到联邦航空局的监控。事故发生后，人们才知道在该事件发生的两年前就已经出现过一次类似险情，更糟糕的是，在设计阶段就已经知晓这个缺陷，但却被监管机构忽略了。

第二个事件就是阿拉斯加 261 航班事故。由于不当设计导致飞机上有一个很难维护的部件，却在联邦航空局的认可下，检查操作被一直拖延，直至造成重大事故，其结论是应对该部件进行频繁的检查。

当然，安全对用户很重要，用户不会有意识地乘坐任何不安全的飞机，但由于缺乏信息，监管机构间接要求用户无条件的相信，这导致许多用户做出错误的决定。

普通用户会根据飞机的机龄、舒适度、清洁度或展示方式等事实数据来决定选择哪个飞机运营商。

将这些标准定义为非理性并不公平，尽管它们与维修质量或机组培训等关键因素完全无关。然而，如果一个运营商运营老旧的飞机，并且清洁不到位、展示形象不佳，用户可以认为这个运营商可能会在不可见的问题上省钱。

但问题的另一端就不那么清楚了：新的、外观良好的、舒适的飞机说明有健康的资金流（除非运营商试图用这些外部因素来掩盖某些现象），但这并不能让用户了解公司的实际信息。如权威梯度之类的文化元素，对安全可能是极其重要的，但用户并不知道这一点。

招聘和雇用过程，以及运营商是否只受能力驱动也是个难以探究的“黑洞”，可以通过一个外观优美、设计精良的飞机来掩盖。基于“专家的卓越合理性”，有效的执照应该保证可接受的安全水平，尽管没有人敢肯定，无论谁是专业人员，其安全水平都是一样的。

因此，以飞行员为例，运营商可以在“便宜的执照”或“优秀的飞行员”之间进行选择，这种选择对安全水平有明显的影响，但用户一无所知。

尽管存在问题，但还是一次次地向用户重复安全口号。“如果飞机能飞，它就是安全的。否则，它就不会飞，或者会被主要机构列入黑名单。”这个信息很常见，但即使如此，这也远远不是唯一的方式。

一些地方机构可以选择和采用国际标准，或者保留自己的标准，至少对当地的活动来说是这样的，比如中国的认证保证在中国生产的客运飞机只能在中国境内飞行。

因此，一个知情的乘客会发现，在某些地方，与当地运营商合作的当地航班是一个危险的业务。有些人希望在一些国家的当地航班上有更可靠的运营商，但这并不总是可能的，这不仅是由于可用性，还由于代码共享的影响。这会促使乘客无意中搭乘一架由不受欢迎的运营商所运营的飞机。总之，人们乘坐飞机是因为他们相信飞机能以安全和快速的方式运送他们至目的地。然而，除了声明，人们并没有得到关于这个系统如何运作的信息。用户在其中没有发言权，除了选择——在哪里花钱买票，这导致了一个奇特的系统。

用户是否信任。因为缺少适当条件的信息，没有灰色地带或有条件的信任存在。因此，该系统试图让用户处于无条件信任的泡沫中。因此，这个泡沫可能会爆炸，特别是在一个充斥社交网络和流行话题的世界里，以光速传播真实和虚假的信息。

保持可接受性作为一个主要因素，其重要性一如既往，但从制度上看，如果主要执行者坚持维护不符合条件和不知情的情况，就会出现新的危险。

当然，对主要参与者来说，一个不接受外部检查的环境中是最好的，但同时，人们如今比以往更容易受到不同渠道信息的影响。

从 2017 年和 2018 年的不同事故比率数据可以发现，比率如此之低，以至于一起重大事故就能对其产生影响，而这恰恰发生了。致命事故率从 2017 年的 0.06（100 万次飞行）上升到了 2018 年的 0.36。绝对的数字忽略不计，因此，没有人可以说在安全水平方面有真正的损失。然而，一些媒体报道说，事故率增长了 900%，所有受影响的各方不得不为自己辩护，尽管这种说法很荒谬，但却产生了公共影响。

其他一些威胁也已经受到了批评，在这些威胁中，不能简单地忽略其负面标题。恰恰是在一些关键问题上“核心圈”的做法，使这些威胁合法化。

因此，来自信息不畅用户的方法可能隐藏着短期内的巨大代价，即失去可接受性及相应的后果。

几起“黑天鹅”事件，在时间上相距不远，可能会影响可接受性，特别是如果它们来自假定的风险。根据定义，“黑天鹅”事件是无法预见的，所以应将可接受性作为相关的参数来管理，而不是只作为统计的附带影响。

现在，几乎任何事情都可能成为无法管理的“趋势性话题”，而且一旦确立，与之抗争会适得其反，就像所谓的“芭芭拉 - 史翠珊效应”。所以，不能由统计和技术的合理性来得出组织风险是不存在的。

5.2　制造商的世界

作为一般规则，航空业是一个全球性的行业，制造商试图用他们的产品在全球范围内竞争。如果想获得普遍的认可，正确的方法是由一个主要的机构认证，即欧洲的 EASA 或美国的 FAA 认证。此外，人们一直努力使来自两个监管机构的规则在不完全相同的情况下也能兼容。因此，获得其中一个监管机构的批准意味着至少在获得另一个机构的批准方面成功了一半。

许多其他地方当局认为被这些主要机构接受是一种保证，认为允许在美国或欧洲飞行的飞机会自动被接受，但相反则并不可行，除非有与民用航空当局达成具体协议。这意味着要仔细检查当地的法规和监督程序，而且很难获得这些协议，这不仅是由于功能上的原因，也是由于非明确的竞争所造成。

制造商的设计和开发成本如此之高，以至于他们总是试图获得全球认证，而不是将销售仅限制在飞机生产国。这个规则存在以下两种例外情况：

（1）轻型和低成本飞机的研发成本很低，仅仅适用于某一个国家使用。这在微型飞机或其他轻型飞机中很常见。

（2）大型飞机适用于大国使用，其航空交通量可以充分验证这一点，这也是中国、印度、俄罗斯选择设计大型飞机的原因之一。针对于其他人口较少的大国，如澳大利亚或加拿大，由于市场规模的问题，这并不是一个可行的选择。

因此，大飞机制造商试图进入全球市场，这意味着需要经历一个缓慢而昂贵的认证过程，旨在满足两个主要监管机构的要求。

除了缓慢之外，这个过程还充满着不确定性，除非制造商与监管机构有着特殊的关系，例如波音与 FAA 和空客与 EASA，否则许多项目可能会被解读为对新的申请人不利。

可以说，这是一个“核心圈”，新的制造者要想进入这个圈子必须付出沉重的代价。一旦建立了信任，这个过程就能更快地进行，并且有更明确的结果。

这个过程的主要后果就是引进新产品的速度很慢。一旦飞机得到认证，制造商将采用尽可能小的改动来实现技术改进，以避免进行全新的设计。因此，技术潜力比产品的发展要快。然而，这个过程也存在“后门”现象，允许引入新的解决方案。

发动机和航电设备是作为飞机的独立部件进行认证的。因此，一旦获得认证，就必须安装在已认证的飞机上，但新设备不需要经历完整的认证过程，因为它们是对已认证飞机进行的改进。

这是为什么可以在 1968 年认证的飞机上找到新的航空电子设备和新的发动机的原因，例如，波音 737。同时，其他的更改，如引入新的电传飞控意味着新飞机和一个完整的认证过程。技术和产品发展的不同步导致了市场上的怪异情况。当空客 A320 采用电传飞控设计时，波音公司声称传统的飞控制方式在商业航空领域更优。然而，一旦波音公司自己应用了电传飞控，这种保守的防御观点将很难持续下去，而且旧的飞控模式已经过时，除了价格之外没有任何其他卖点。

此外，在取得认证后，制造商还需与运营商和监管机构保持密切联系，以发现任何意外的问题，以及在飞机的整个生命周期中可能出现的问题。

制造商是维修方法、故障解决和其他调查的顾问，其结果也必须告知当局。一旦他们分析了不同的问题，制造商就会向不同的用户发布解决方案，如果情况严重，监管机构可以发布适航指令，强制改变。

这是一个高层次的运作过程。然而，深入探寻，就可能发现发布执行中的问题：

（1）最典型的案例是前面提到的 AA191 航班，操作人员询问是否有新的维修工艺流程以将发动机从机翼上拆下来。他们没有得到答案，不同的制造商开始使用更有效的工艺，但在维修过程中，他们没有意识到一个部件被强行拉扯，远远超过了其设计参数的允许范围。最后，该部件断裂，发生了重大事故。

（2）阿罗哈航空公司 243 航班事故中，机身上壁板在飞行中丢失，是由于制造商之前发现的一个技术问题而造成的。正如预期的那样，制造商警告操作人员要确保对其进行适当的检查，但该警告及其重要性并没有传达至检查工程师。

（3）最初认为，一个失败的起飞告警系统（TOW）并不能影响适航指令。但在重大事故（Northwest 255）发生之后，向用户发出了建议，要求每天进行检查。大约 21 年后，又再次发生了一起与起飞告警系统故障有关的事故（Spanair 5022）。

（4）TK981 事故是说明制造商和监管机构之间关系可疑的著名案例。事后发现，在该事故中，由于飞机起飞前的一次险情，一个设计故障已被标记，似乎应该发布适航指令。但相反，这个问题被前面提到的“君子协定”解决了。

在某种程度上，制造商处于一个高风险的业务中，必须获得监管机构的批准，而监管机构正好是用户的受托人，为了履行这一职责，监管机构在安全监督方面必须非常谨慎。

与此同时，他们必须足够灵活，以解决创新力和盈利能力问题。另一方面，运营商希望飞机在各方面（价格、使用、维护和培训时间及成本）都尽可能便宜。

在这种复杂的环境中，制造商试图打出自己的王牌来吸引运营商：通用性。相似飞机的培训时间和成本降低，如果同一制造商不同型飞机之间的零部件可以共享，那么他们就只需要储存更少的零部件。然而，通用性也有缺点。一个重大的设计问题可能会影响到一个制造商制造的所有飞机。下面是一些假设性的案例。

（1）来自于飞行控制的运动信息是否应该被保留，这有待讨论。由于对这一功能没有规定，因此主要的制造商有着完全不同的做法。

（2）波音公司设法保留了这一信息，甚至在电传飞控飞机上也是如此，而空客公司则取消了这一信息，因此驾驶杆不提供运动信息。而像 AF447 航班这样的案例充分表明了保留这些信息的好处。

假设又一个类似 AF447 航班的事件发生了，而且这个问题被认为对安全至关重要，那么一个适航指令将被发布。在这种假设下，空客公司将立即被迫对该公司在 A310 之后生产的每一架飞机进行修改。

波音公司以机械复杂性为代价保留了这一功能。这样的指令会改变竞争地位，但很难知道谁会从中受益。如果空客公司推出“虚拟运动指示器”并被监管者接受，情况会怎样？他们具有较低的机械复杂性，同时可以提供波音公司所需的东西，且成本较低。

（3）还可以找到其他潜在或实际的规则及其对商业的影响的案例。如前所述，ETOPS 规则实际上扼杀了四发飞机，因为它们的唯一优势——较短的远洋飞行路线已经消失。四发飞机只用于大型的客运或货运飞机，飞机太大只用两台发动机，动力不够。技术不能由较小的发动机提供足够的动力来提升大型飞机和未来更大的飞机，这种情况就会一直存在。随着技术的发展，将会看到诸如波音 747、空客 A380 或安 -225 那样的大飞机只需要装配两台发动机。

（4）还可以找到更多的案例。波音公司为其波音 787 飞机安装了锂电池，尽可能地将液压能源转变为电能。对这些电池更严格的规定可能会改变其与空客 A350 的竞争。除此之外，波音 787 可能是新的波音机型的起源，就像 A350 是新的空客机型的起源一样。这两型飞机如果发生了与设计有关的重大事故，都可能会影响到其公司的许多飞机。

对主要执行者来说，“核心圈”模式较为合适，因为他们试图满足每个成员的要求，但对于新的制造商来说则比较困难。但这个“核心圈”必须始终获得一定程度的支持。

如前所述，可接受程度是由信任而非透明度决定的。如果飞机能飞，它就是安全的；否则，它就不允许飞行。

如果一个事件导致人们的质疑，这就意味着重大危机。TK981 航班事件，即使在社会网络不存在的年代，也是麦道公司消失的一个重要原因，它严重损害了 FAA 的信誉。

如今，很难预见一个重大事件的后果，如 ETOPS 飞机因异常原因而完全失去动力，执行新规定后，与锂电池有关的火灾，或类似 AF447 航班的事件会导致人们质疑整个自动化模式。

从严苛的技术角度来看，可以预测特斯拉致命事故后所发表的不妥当的声明——概率很低，不需要改变。

也许，任何愿意如此回答的人都会惊讶地发现，普通人觉得这太过异常。如果统计数据显示，那些降低负面效果的发生概率，却增加潜在后果严重性的行动被认为是明智的，但卢曼所创造的灾难阈值概念却表明不是这样的。

也许这就是除了技术考虑，竞争性市场不仅保持了发生重大事件的可能性，而且通过紧密耦合的组织效应增加了其可能性，正如佩罗（2011）所说的那样。因此，对于受影响的组织来说，基于统计做法的组织风险比想象的要高。

此外，一些企业会进一步促进最终问题的蔓延：到目前为止，空客和波音这两家主要公司已经在中远程飞机市场占据了最大的份额。支线航空和商务飞机公司则处于不同的阵营，例如，庞巴迪公司、巴西航空工业公司和达索等公司，以及日本的三菱公司等新涉及飞行业务的公司。

俄罗斯的伊留申超级喷气式飞机伊尔 –100 和中国的中国商飞 C919 加入了中程飞机市场中，但这两型飞机的进展远非易事：通过共同的培训和实践，波音和空客，尤其是后者，已经试图使同一制造商的不同型号之间的改动尽可能简单。

让机组人员和工程师通过共同的系统获得不同飞机的资格，是避免从其他制造商引进新型飞机的一个很好的理由。

支线航空的情况则不同，在美国对加拿大产品政策的推动下，支线航空的发展速度非常快。

加拿大庞巴迪公司发现其产品引入美国市场时遇到了障碍。由于空客公司在美国境内有业务，庞巴迪公司决定将其最新机型卖给空客公司，作为美国产品生产，这样就可以避开美国商业政策带来的新障碍。

这意味着空客公司进入了一个新的市场，他们甚至为飞机重新命名：将其从庞巴迪改为空客。波音公司看到了其危险性，立即与巴西航空工业公司达成协议，也进入了支线航空市场。

因此，在无意中，某一国家——美国的商业政策的副作用，两个大制造商都发现对方进入了支线航空市场。因此，后续行动是可预见的。他们试图通过支线飞机的共性来提高效率。

这可以减少任何其他制造商（成熟的或新加入的）在这个市场上的选择，同时，它将增加设计问题的潜在影响。

在几年内，可以看到从 70 ~ 700 个座位的飞机。从效率的角度来看，这是一个完美的解决方案，但它却增加了已经存在的危险。一个重大的设计问题可能影响一个制造商的所有飞机。

因此，很可能将明显的设计缺陷归咎于“缺乏培训”或“人为错误”，正如一些案例已经表明的那样。

然而，这样会对“专家的卓越合理性”信任造成影响，特别是由于人们不再可能对同一事实的不同版本保持沉默。

5.3 监管者的世界

首先应回答的问题应该是谁是监管者。其中最著名的监管者是国际民航组织，这是联合国专门负责航空事务的组织。

由于国际民航组织的活动影响到每一个运营商和制造商，国际民航组织的规则是基础，即任何组织都应满足。因此，国际民航组织关于疲劳、飞行时间限制和其他事项的建议，通常被最发达国家更先进的法规所取代。

在更通用的术语中，国际民航组织为国家监管机构确定了 8 个关键安全要素。

（1）初级航空立法。

（2）具体操作规定。

（3）国家制度和职能。

（4）合格的技术人员。

（5）技术指导、工具和安全关键信息的提供。

（6）许可证、认证、授权和 / 或批准义务。

（7）监督义务。

（8）解决安全问题。

即使考虑了通用性以及其适合性，但许多国家和地区，并没有遵循国际民航组织的建议，上述这些关键要素在全球的实施仍然远远没有实现。

国际民航组织的下一级是由地方监管机构组成，他们是不同政府的专职部门，包括三个主要的权力机构：美国 FAA、欧盟 EASA 和中国民用航空局（CAAC）。

由于这些监管机构是世界上最大市场的监督者，所以他们在其国界之外拥有影响力。

如果 FAA 不批准某架飞机或某个运营商，那么该飞机或该运营商就无法在美国飞行。同样的情况也发生在欧洲的 EASA 和中国的 CAAC 身上。印度民航安检查局（BCAS）处于与中国类似的情况；也就是说，它可能成为一个全球参与者，但它不如中国活跃，因为印度民航制造商主要是供应商而不是设计单位。

FAA 和 EASA 试图协调他们的法规，他们甚至经常共享案例。这是因为在苏联解体后，俄罗斯的联邦航空运输局（SCAA）市场规模较小，尽管它做航空设计，但并不是这个商业航空集团的成员。

然而，它的影响并不是微不足道。诸如使用米（m）而不是英尺（ft）——全球公认的测量飞行高度的做法，导致了操作上的错误和困难。此外，苏联时期，俄罗斯是军用飞机的主要设计者，世界各地的许多飞行员都驾驶过这些飞机。

还有一些非常活跃的监管机构，由于没有打开市场，相关性较低。其中包括英国民航局。尽管属于欧洲航空安全局（EASA）——在脱欧之前——他们发布的文件往往比欧洲航空安全局的同行更先进，而不是将欧洲航空安全局之前批准的文件作为英国民航法规发布。

在某些方面，欧洲航空安全局必须平衡处于不同发展水平的欧洲国家的要求，就像国际民航组织为其成员所做的那样，而英国民航局不需要在其内部法规中考虑这一工作。

另外两个人口较少的大国是加拿大和澳大利亚，尽管不是主要市场，但也是保证航空活动活跃的国家。

这两个国家的出版物发行都非常活跃，尽管在某次疲劳相关的重大事件中受到了批评，但加拿大是疲劳风险管理系统（FRMS）法规的先驱，而澳大利亚民航局已经发布了关于人为因素和安全的文件，并且是最早采用人为因素分析和分类系统（HFACS）模型的国家之一。

许多其他民航局采取了更被动的立场，适应和使用来自 FAA 或 EASA 的规定。如前所述，其中一些国家民用航空局争取特权地位，即他们的认证可以被一个主要监管机构或两者承认。例如，日本民航局就是这种情况，其目的是对飞机进行认证，使其自动被 FAA 接受。

这就是可接受性再次发挥作用的地方。在一些国家，监管水平被认为是可以接受的，而在另一些国家，即使适用同样的规则，但这些规则的有效监督也可能受到质疑。

因此，外国运营商即使在不同的国家运营，也应满足其国家的安全标准。同理，如果一个国家的当地运营商的监管模式不可信，那么在可能的情况下，可以拒绝该运营商。

在第 1 章中可以了解到，航空安全已经有所进步，但每个国家的进步程度都不一样。有些地方的事故率仍然很高，所以监管机构的作用极为重要。

腐败和缺乏资源会造成非常严重的影响，因为没有足够的资源来制造现代飞机，非常老旧的飞机一直在运行。此外，没有资源对整个系统进行有效的监督，当新的设计出现时，事情并不总是向好的方向发展。

从理论上讲，现代飞机更先进，因而应该更安全。然而，如果培训和维护方面的资源没有达到所需的水平，结果可能与预期不同。

尽管如此，即使是资源匮乏的运营商也被“邀请”购买新型飞机，不仅通过“黑名单”来实现，还通过诸如禁止在最小垂直间隔（RVSM）内飞行等行动来限制他们的操作。如果他们没有特定的技术资源，而这些资源通常在旧式飞机上是不存在的。这意味着使用更低的飞行高度和更多的燃油。

必须谨记，专家作为监管者，应该代表乘客的立场。但通过扮演这一角色，他们将自己的信誉置于危险之中，而这一信誉可能会受到重大事件和随后调查的影响。

尽管每个国家都将调查分配至多个不同的公共行政部门，而不是监管机构本身，但很难保持调查部门作为完全独立的实体，其分析和结论不存在偏差。国家在市场中的利益或一些运营商，无论他们是本地制造商还是国际航空公司，都会造成某些结论的偏差。此外，随着人们在不同的职业中跳槽，甚至个人利益也会导致监管者进行比要求更柔和的评估。因为没有人愿意与未来的潜在雇主为敌。

这涉及不同的案例，在这些案例中，调查部门的独立性也是可疑的。然而，经验表明，揭开真相的主要保证往往来自于双方的利益，而不是理论上的独立。

经常讨论的事故，例如，埃及航空 990 航班、洛司·罗迪欧、布宜诺斯艾利斯的 WRZ、AF447、TW-A800 航班等都有与官方报告不同的版本。有时，纳入这些版本作为一种替代性的立场，而其他版本则作为对事实的替代性解释而为人所知。只要事实不被掩盖，如果细读不同的版本，可能比来自所谓的独立组织的客观真相更为可靠。

5.4　运营者的世界

如果说有某种业务就其性质而言是全球性业务，那就是航空。像巴西和加拿大两国专门从事支线航空，也合情合理。因为本国就有很好的市场，但是，最近，庞巴迪 – 空客公司和巴西航空工业公司 – 波音公司的协议为未来构建出别样的蓝图。

未来，运营商也会在支线航空运营中与大制造商进行互动。这对作为大型航空公司一部分的支线运营商来说不是问题，但由于缺乏议价能力，而且可供选择的制造商不多，这可能会使小型运营商失去业务。

无论讨价还价的情况如何，运营商总是有一个要求：效率。然而，这并不能提供有用的指导，因为其定义根据运营商所服务的具体市场而不同。

此外，一些运营商是国有企业，他们的不当行为更多的是与国家的国际拓展有关，而不是与航空公司的企业性质有关。事实上，一些中东公司因此而被指控为非法竞争。

瑞安航空、阿联酋航空或伊比利亚航空等航空公司在不同的竞争环境，也处在不同的游戏中。阿联酋航空在迪拜长期停留，试图成为东西方的桥梁，同时将迪拜作为商业和旅游目的地进行宣传，而瑞安航空协助推广新开发的目的地，频繁获得飞往这些地点的财政补贴，同时试图在各个预想的领域降低成本或增加利润。相反，伊比利亚航空公司规划了以南美为目的地的网络，试图成为欧洲和南美之间的桥梁。他们都有飞机，但规模、服务、价格和目的地都有很大不同。同时，许多航空公司通过共同联盟和代码共享参与了一场既竞争又合作的游戏。乘客可以购买一家航空公司的机票，然后搭乘另一家航空公司的飞机，而这家航空公司的经营模式和服务模式具有显著差异。此外，搭乘哪个航空公司执飞的航班取决于周内的排班情况。

这些做法向乘客传达的信息非常简单。属于同一联盟的任何航空公司，都等同于其他任何航空公司。乘客选择其中的航班，旨在获得最优惠的价格，仅此而已。

即使在最浅显的层面上，乘客也能意识到这并不是全部的事实，因为同一联盟中的各家航空公司的舒适度和服务模式都有所不同。有充分的理由相信，如果在最细微的部分存在差异，那么在招聘、培训或维修活动中，可能存在更多的差异。

（1）几年前，在“坚果愤怒”的事件中，大韩航空的一名高级经理斥责一名空姐，并要求其下机，迫使飞机掉头开回登机口。这一事件对该经理——总统的女儿产生了负面的影响，但没有人问及飞行员是否有权力拒绝执行这样奇怪的命令，以及飞行员为什么不拒绝这一错误的命令。

（2）同一家公司在关岛发生了一起重大事件（KAL-801 航班），并发现与机组资源管理（CRM）和权威梯度有关。没有人敢于挑战一个做出错误操作的机长，就像“坚果愤怒”案中的机长不敢挑战经理的权威一样。

（3）在旧金山发生的韩亚案件中，除其他调查结果外，还发现飞行员在手动飞行进场时感到不自在，但他不愿表达出来。

（4）沙特阿拉伯航空 163 航班事故是商业航空史上最令人羞愧的事故之一。当一名空姐问及疏散准备时，机长回答：“坐下。”

（5）从正面来看，QF32 航班案例是团队合作和深入了解的例证，美国 1549 航班事故也是一例。

还有更多的案例，但这足以发现一个问题：是否所有的航空公司都像这些做法所暗示的那样，在对待乘客方面都是一样的?

即使在未列入黑名单的公司中，做法也大不相同。低成本公司的登机程序（促使航线尽快盈利的紧迫性）与长途运输公司完全不同；机上的燃油政策，以及在紧急情况下机长需增加的燃油数量各不相同；与维修问题有关的压力也不同，但所有这些都在规定范围内。

曾经，有经验和高质量的运营商使用了其他的控制措施，但这些措施超出了法规的范围。例如，无论是维修团队还是操作团队的组成，都超越了其执照的有效性，但他们避免了危险的组合，即将没有经验的机长与没有经验的副驾驶放在一起。

培训程序使这种非正式的控制更加困难。这些程序旨在管理飞行时间限制、假期、可用飞机和其他因素的复杂的只出现一次的“数独”，除非系统中明确禁止配对组合，否则一些意外的组合可能超出这种非正式控制的范围。

因此，运营商之间存在许多差异。即便如此，航空公司之间仍进行着一场关于机场机位的竞争，因为在一个用户对其所购买的服务不甚了解的世界里，人们会选择最方便的时间表（机位竞争），最优的价格和最舒适的方式（直接或通过“保真”计划）……。

安全问题不在竞争之内，因为商用航空界正是这样运营的。“如果飞机能飞，它就是安全的”这种说法虽不是事实，但它是成功的。因此，组织学习和所有相关的改进都是为了提高效率。

由于安全问题被排除在竞争范围之外，因此导致了标准化、自动化、更少的人员参与和更少的培训。

“如果飞机能飞，它就是安全的”口号保护了这种特性，只要它能被保护——也就是说，只要信誉不被重大事件所破坏，就不会对系统中个人的角色产生质疑。

5.5　结论

由于不同的原因，监管者、制造商和运营商之间存在着密切的关系。虽然国际航空运输协会（IATA）或国际飞行员联合会（IFALPA）等组织也是利益相关者，但并没有包括在本文的分析中。与所分析的组织相比，他们处于次要的地位。

不是每一个监管者、制造商或运营商都是“核心圈”的一部分；只有其中最突出的组织才位于其中，并不时发生变化。

国际民航组织是联合国的成员单位，因此，它发布的建议和规则必须反映在当地的法规中，这代表着各地必须执行的最低水平。

这场游戏的主要参与者是欧洲航空安全局（EASA）的空客公司，作为欧洲的监管者和主要制造商，以及 FAA 和波音公司，作为美国的监管者和主要制造商。虽然欧洲航空安全局和美国联邦航空局是地方机构，他们在当地的权力有限，但他们也是最大的航空市场的监管人，因此，他们可被视为全球监管者。

每个想进入这些市场的人都必须通过这类机构。中国和印度等人口密集的大国作为主要的新兴市场，可能会对未来的全球动态产生影响，但目前只有一些微弱的趋势，如中国民用航空局对中国商飞公司 ARJ21 等飞机的认证。

如果其他国家的民航局愿意接受中国的标准，那么将打破目前的局面（市场由最强大的两个监管者掌控），且市场的整体平衡就会发生改变。

俄罗斯联邦航空运输局是一特例。俄罗斯民用飞机在东欧国家仍有很强的影响力，而受不同法规约束的军用飞机则出现在很多国家。俄罗斯机构能否成为一个全球力量，与欧洲航空安全局和美国联邦航空局竞争？答案是否定的，但俄罗斯可以促使许多国家接受俄罗斯的法规作为他们自己的法规。

欧洲航空安全局（EASA）和美国联邦航空局（FAA）是对航空业最发达的国家进行管理的机构。其他在航空发展方面与欧洲和美国持平的国家（日本、韩国、新加坡、澳大利亚、加拿大等）接受这些法规的主要部分，这样，他们就避免了建立庞大且成本高昂的本地监管机构。

然而，航空业并不局限于发达国家，安全统计数据显示了一种令人担忧的趋势。

安全率一直在提高，使我们忘记了美国航空安全和保安委员会的世界末日预言。

鉴于航空业的国际性质，降低事故率不仅是美国的当务之急，也是所有参与航空业的国家的当务之急。世界上某些地区的事故率已经超过了美国的事故率的 10 倍或更多。波音公司预测，除非全球事故率降低，否则至 2015 年，几乎每周都会有一架客机在世界某个地方坠毁。

我们已经看到，安全得到了改善，但并不是所有地方都是如此。实际上，在非洲一些国家事故率趋势是恶化的，我们应该了解技术和法规在这种影响中的作用。

现代飞机是非常复杂的，不仅是用于制造它们的材料，在最现代的飞机机身中大约有 50% 的复合材料，而且在它们的系统中也充满了电子产品和软件。

许多不发达国家的运营商发现他们没有能力维护，甚至不知道如何使用这些飞机，因此，他们一直使用老式飞机，这些飞机更容易维护，但已经老化。

俄罗斯的航空制造，除一些试图与西方航空业竞争的超级喷气式飞机之外，主要依靠于传统的制造技术和机械技术，这些技术已经发展到极高的水平。例如，在接触俄罗斯战斗机米格 –29 之前，许多西方专家认为，它的机动性可与美国的 F–16 竞争，而这种性能只能通过电传飞控系统来实现。但后来发现，在米格 –29 上仍然使用机械操纵系统进行控制。

俄罗斯的许多飞机可能无法通过欧洲航空安全局和美国联邦航空局的测试，或者可能被限制在非商业运营领域，但它们仍然可以在一些市场获得成功。这些市场对飞机的适航性要求较低，或者有特殊的运营条件。

为了飞行，运营商需要飞机和规则，他们有一个明确的角色，让他们能够运营有利可图的业务。否则，航空业就根本不存在。

在某些情况下，运营商的作用比预期的要大。例如，波音 747 的诞生是因为泛美航空要求波音公司提供比以前任何机型都要大的飞机，而空客公司继续销售其 A380 是基于阿联酋航空的需求，A380 机队的规模使其能向制造商要求生产具有特定功能的全新飞机。

在某些方面，如果安全机构是乘客的安全代表，那么航空公司是乘客的财务代表。如果他们能够购买到成本更低、运营成本更低、维护成本更低的飞机，他们将减少成本，从而能够提供更低的价格。

因此，运营商向制造商施加压力，要求提供价格更低、使用和维护更方便的飞机，而安全机构必须了解制造商和运营商在设计、使用和维护方面的各种措施。

如果分析发现有可能发生更大的事故，那么系统就会通过重大或微小的事件来学习安全知识。然而，对效率的追寻会使这些内部分析出现偏差。不同的参与者都非常小心，以避免进入安全级别的战争。用户被灌输了“如果飞机能飞，它就是安全的”的想法，否则，安全机构就不会允许飞机飞行。

几十年来，它一直在发挥作用，但在技术层面和广泛使用统计数据之外，还存在一些内容缺失：

任何不知情的“影响者”都具备在瞬间将信息传播到全世界的能力，不再局限于媒体。任何事情都可以成为“热门话题”，在维基解密的世界里，信息库并不安全。

TK981 航班事件揭示了 FAA 和麦道公司之间的“君子协定”。同样，DC-10 飞机存在潜在的设计缺陷，这在阿普尔盖特的报告中已经提及，表示制造商知道该问题的存在。

然而，在当时，通过重大事故及其全面的调查研究才暴露了这些事实的存在。

几年后，发生的“挑战者”号和哥伦比亚号灾难事故也暴露了组织上的缺陷，管理人员决定从其他方面着手，而不是重视安全问题。

如今，任何可疑的协议或任何不正当的行为都可能在没有发生重大事故或正式调查的情况下出现。它可以影响任何安全机构的可信度，并波及整个行业。波音

737MAX 的问题正是一例。

这种“家长式态度”中的组织危险在于把乘客视为孩子，用一把糖果就能轻易取悦。这种态度甚至体现在一些细节上，比如告诉成年人在帮助儿童或其他人之前要调整他们的氧气面罩，但不解释这种“自私”行为的原因。还可以发现类似的情况，没有告知乘客为什么在起飞和降落时需要打开遮光板，为什么灯光要调暗，为什么要调直座椅靠背或收起小桌板，为什么建议乘客保持系紧安全带等。所有这些问题都是希望乘客遵守程序，而没有让他们了解背后的原因，这反而说明了一些问题：乘客必须把发生事故的可能性置之脑后。因此，普通乘客轻视这种可能性并不奇怪，如果最后发生了意外事件，这种意外可能带来同样意外的反应。

众所周知的“彗星”号空中爆炸事故，以当时的知识是无法避免的，它可能再次发生，而制造商在这些案例中被认为无过失。如果一个可预见的事件发生时，“核心人员”已经掌握了相关信息，而假设的风险却没有得到解释，那么可信度问题就会出现。

一些由于飞行员的混乱而导致飞机坠毁的案例被归结为“缺乏培训”，尽管这并不是一个有效的解释。缺乏培训是一个代名词，因为它意味着有人在不知道效果的情况下做了某件事或没有做某件事。

为什么这些影响是未知的？它们是可知的吗？如果是的话，为什么一个没有经过正确培训的人会出现在错误的地方？“缺乏培训”总是指向糟糕的设计、不可知的问题或组织问题。然而，把罪责归咎于链条中最薄弱的环节，而不是解决令人不安的问题，这只是一个常用的借口。

同样，以目前的空中交通量，可能会预见一架双发飞机在海洋上空飞行期间因完全失去动力而从空中坠落。统计数字表明，发生数百人死亡的事故的可能性低于十亿分之一。一切都很好，表演必须继续下去？

只要确信信息会用于合适的地方，那么将信息保存在专家手中是一个相对简单的选择。然而，目前，没有人可以肯定保留的信息不被别人知晓，这可能会产生不可控的影响，改变或影响对技术专家的信任。

另一种选择是接受低于灾难阈值的组织风险，而这一点被主要航空公司忽视。当安全人员“玩弄”统计数字的时候，普通公众并不这样认为。每个群体的理性思考模式都非常不同，这一点不应该被忽视。

一些参与者，如西南航空公司，在危机中行为理智，遗憾的是，这不是主流行为，而是例外。由于他们的行为，该公司收到了 FAA 的巨额罚款。他们没有隐藏问题，而是发表了自己对这个问题的看法。此外，他们还公布了首席执行官赫伯·科勒贺在审判中的证词。

波音公司也有类似的情况，在 JAL123 事故中，就是由于波音公司执行了错误的维修流程，因而导致这架波音 747 飞机坠毁。在研究过程中，他们制作了数学模型，并在事先知道需要研究的情况下继续飞行。

一旦发现证据，就不会再隐藏。日航 123 航班和土耳其航空 981 航班事故的行为和结果的差异非常明显。当麦道公司通过隐藏信息并与监管机构达成协议，自掘坟墓的时候，波音公司却在市场上保持了繁荣。尽管 JAL123 事故仍然是商业航空有史以来最大的事故，但也只影响了一架飞机。

总之，可以控制技术和统计风险。虽有缺陷，但一般来说，可对风险进行适当的控制。社会和组织风险则不然，因为许多参与者甚至没有意识到风险的存在或环境的变化，特别是如何控制信息流。

第 6 章　组织学习的引擎：它在哪里？应在哪里？

导读：本章包括航空学习的简史和新的培训原则两大部分。讲述了 19 世纪航空先驱不断从失败中吸取教训，航空业由此得到发展；到第一次世界大战航空的军事价值推动其技术发展；再到第二次世界大战不仅促进技术发展还急需优秀且熟练的机组人员，由此逐步形成组织学习；最后随着自动化和信息技术发展，机组人员缺乏对技术原理的理解会引发新型事故。本章还讲述了培训组织模型分为情报机构和突击队两种类型。一个类型是每个人只收到具体任务所需的信息，另一个是每个人尽可能地全面了解整个项目的信息。

6.1　简介

事故率的数据表现尚可。因此，航空安全的表现是成功的典范：相较于几十年前的航空，现在的事故率非常低。因此，许多参与这一改进过程的人应为此感到满意。

此外，1998 年，时任美国航空安全与安保委员会主席的阿尔·戈尔（Al Gore）曾预言，自 2015 年起，每周都会发生重大事故。尽管空中交通事故有所增加，但这一预言并未成为现实。因此，人们是否应该担心航空安全的改善及其组织渠道？难道“一切照旧”的方法不足以解决当前的航空安全问题吗？

首先，不存在“一切照旧”的方法。随着时间的推移，学习的过程一直在改变，当前存在的某些威胁也会被消除。好的方面是，它们可以在没有重大改变的情况下被消除。

6.2　航空学习简史：从黎明到现在

自从“航空先驱”出现以来，情况已经发生了很多变化。尽管在 19 世纪末之前，有些人可被称为“先驱者”，例如，列奥纳多·达·芬奇（Leonardo da Vinci，

15 世纪）、西班牙人迭戈·马林（18 世纪）或法国第一批热气球飞行员（18 世纪）——但真正的起点是使用比空气重的装置进行可控的飞行尝试。

与其他领域一样，试错模型引领了最初的尝试。然而，错误并不总是十分明显。可能会发现一个可行的解决方案，但是方案的成功也可能引起变化，那就是解决方案不再有效。在某些方面，这种演变表明那些可能会促使成功的因素已经过时。

这方面，最著名的案例是德国飞行员奥托·李林达尔（Otto Lilienthal）事件，他于莱特兄弟（Wright brothers）飞行试验成功的前几年去世。李林达尔研究滑翔机，并以自己的体重作为下滑飞行的控制装置。尽管飞机的设计发生了巨大的变化，但这项技术却并不过时，因为这仍是现代悬挂式滑翔机一直采取的方式。

李林达尔以这种方式展现了非凡的飞行技能，这也激励他创造出更大更快的滑翔机。其中一个滑翔机太重，体重已无法平衡，飞机失去控制，最终坠毁。在今天看来，出现这样的情况都在意料之中，不过在李林达尔的时代却远非如此。

因此，人们已经开发出了一个良好的控制装置，但是这种设计存在难以察觉的增长局限：对于超过一定重量的飞机，这种控制是无效的。同时，为了避免破损，更大的飞机应更加坚固，因此也会更重。所以，如果人们想要更大更快的飞机，就需要在飞机设计方面做出重大的改变。

然而，利用体重控制飞机仅仅是概念的应用——即通过改变飞机的重心来控制飞机。这项技术仍然用于一些微型飞机，它们被设计成悬挂式滑翔机，其重量远超过飞行员；大飞机的重心是通过燃油排量或选择性加油进行控制。无论飞机大小如何，这种做法已成为飞行中常见的操作。

先驱们从未停止探索，但航空仍被视为一项危险的活动。机身的抗损伤性能或可控性没有达到预期水平，重型发动机也不可靠，这无疑形成了一个不佳的组合。

事故时有发生，飞行员不仅要精通飞行操作、还要克服飞行中几乎所有的突发事件、解决机械问题、冷静地应对危险天气，当然，还要具备在飞行中不迷失方向的能力。

只有对不同学科有深刻了解，同时还具备优良的心理和身体素质的特殊人才，才能在一个全新且充满挑战的领域掌握如此多的技能。因此，如何获取这样人才是阻碍航空发展的真正瓶颈。

在第一次世界大战中，对于具有冒险精神的人，航空不仅仅是一项有吸引力的活动。航空的军事价值也推动了其发展。一旦战争结束，航邮、特技飞行表演、空中竞赛和海上飞行的时代就开始了。

在第二次世界大战之前，基于“刚性气球”的发展引领航空进入了一个新时代。“兴登堡”号飞艇是现代化豪华飞艇的先行者，但在 1937 年，该飞艇由于装满易燃的氢气而发生事故，标志着一个时代的结束。

大约在同一时期（20 世纪 30 年代），美国海军使用第一艘不是大型船只的航空母舰，将轻型飞机“降落”于航母，采用拦阻钩使飞机失速实现轻型飞机着陆（见图 6–1）。这张照片显示了执行这一动作所需要的技能，既不能失速，又要足够慢，以避免拦阻或飞机断裂，更不要说飞机上上下下时的眩晕感。

第二次世界大战的爆发，除了技术发展之外，还引入了一个新的因素：如果航空从业人员需要像先驱一样具备特别的技能，这意味着人员严重短缺。

图 6–1　飞机悬挂在美国海军航空母舰上

在欧洲轰炸行动开始之前，所谓的“波莱罗行动”意味着让严重缺乏经验的人驾驶飞机穿越大西洋，并根据指示跟随前一架飞机。长机是由能够自主飞行和导航的机组人员构成。顺便说一句，长机的飞行员是保罗·蒂贝茨（Paul Tibbets），也就是后来在广岛投下原子弹的那位飞行员。在开始操作时，预估的损失率为 10%。但实际效率更低，该行动导致了著名的格陵兰岛冰面迫降。

几个月后，1000 多架飞机参与了第二次世界大战期间的空袭，当然，每架飞机都有自己的机组人员。自从机枪爆炸使机上所有飞行员牺牲后，一些非飞行员的机组人员也会接受基本的飞行训练。此外，由于空袭中死亡人数不断飙升，导致人员替换频繁，当然替换人员也必须接受任务培训。

因此，随着大量飞机投入战场，又对其提出了新要求：在多数任务中，那些技能、智力或健康状况为正常水平的普通人也能参与航空业。否则，制造飞机要比找人驾驶飞机容易得多。

不过有些任务仍然需要高技能的人员，如飞行测试、简易跑道降落或执行特殊任务，如广岛事件，飞机从航母起飞飞临日本上空轰炸（见图 6–2）。

航空逐渐成为一项需要普通大众参与的活动，但一些具体的任务则需要更专业的人来完成。这种情况仍然存在，如前所述，规章制度反复强调，某些系统的操作并不需要特别熟练或机警的人员。

人们更容易理解第二次世界大战期间和之后对航空的需求，但这种需求并没有给出任何解决的线索。从概念上来说，解决方案很简单：通过工业化的大规模生产即可。

在某种程度上，这是弗雷德里克·泰勒（Frederick Taylor，1914）倡导的科学工作组织的重生。

图 6–2　B–25 从美国海军航母上起飞

对他而言，管理人员承担了收集工人过去拥有的所有传统知识的重任，进而对这些知识进行分类、列表，并将其简化为规则、法律和公式，这对工人的日常工作有极大的帮助。

或许引用当时的概念有些过时，但在摒弃它之前，我们应该记住，更现代的知识资本浪潮是在一个令人担忧的想法下诞生的，从股东的角度来看，许多现代公司的固定资产远低于实际价值。用艾德文森和马龙的话说，“人力资本不能归公司所有。”一些公司的真正价值在于员工头脑里的智慧和社交网络，这些社交网络有助于招聘到最优秀的人才，并最大限度地利用其知识架构。换句话说，谷歌、脸书、微软、苹果等公司的股东认为，他们投资的价值取决于他人的善意。

对于知识资本的预言家而言，这种情况需要管理和纠正这正是 1911 年所捍卫的原则。当然，在 20 世纪的最后几十年里，可利用的资源已经允许除大规模生产以外的解决方案，但主要原则仍然存在。

这一原则已经存在了很长时间：任何可以自动化或通过单盲程序（知道如何做取代为什么这么做）执行的工作都可以由更少的人完成，这些人缺乏技能和训练，因此更容易被解雇。

基于个人技能和个人知识的环境不允许使用这种解决方案，因此，应该避免或只在例外情况下使用这种解决方案。在战争期间，需要更多人以“简明”的方式制造和管理物品，这证明了这种工业方法的合理性。然而，它在战争结束后很长一段时间仍然存在，而且由于各种原因，它仍然存在并适应了新的技术环境。

技术发展速度迅猛，在第一次太空任务中，特殊个体和程序之间的较量是非常明显的，航天员的优势超过了爱德华兹空军基地最优秀的飞行员。事实上，第一个飞行速度超过声速的人查尔斯·耶格尔（Charles Yeager）解释说，宇宙飞船不需要飞行员，其任务由自动化太空舱执行，而乘员只有一只猴子。

技术几乎改善了每个领域的性能质量和操作质量，并且总是朝着同一个目标：自动化程度越来越高，更少的人、更少的培训就可以完成。

一些原被认为是飞行工程师的重要任务，如燃油管理和座舱压力管理已经完全自动化。导航已不再是一门艺术，即使是找不到北极星或方位基点的人也不会迷失方向。在不可见的情况下，更多是依靠程序和监控系统着陆，而不是驾驶技能等。

与此同时，尽管事故数量在减少，但人们在谈论一个涉及自动化和信息技术新因素，即技术理解。

今天，AA965 这类事故易被解释为“智能手机错误”。打电话时，可以拨打对方名字的首字母。但如果与另一个联系人的首字母相同，并且第二个字母按字母顺序排序，有人就会收到误拨。

将智能手机的联系人列表（甚至是简单的列表）转换成带有姓名和频率的导航数据库，也会发生同样的事。如果附近有另一个叫“ROMEO”的点，在数据库中输入“R”用以搜寻“ROZO”时会搜到错误的位置。如果 ROMEO 和飞机的位置之间有一座山，相同的操作可能导致误拨或飞机坠毁。

当然，这并不是导致 AA965 航班事件的唯一因素。该解释过于简单，但这样的解释不禁会让人想到，将纸质图表转换成导航数据库可能会导致不可预见的后果。从很多其他案例中也不难发现，错误的严重程度和后果的严重程度之间极不对称。例如：

（1）圣奥迪尔山案例，同一个表盘可以用来设置下降的角度或下降状态。

（2）秘鲁航空 603，静压端口上的胶带足以引起机组人员的混乱。

（3）Air Transat 和与燃油管理自动化相关的态势感知的缺失。

（4）加拿大航空 143 航班和燃油计算。

（5）阿联酋 407 航班的起飞动力功率与飞机重量有误。

（6）韩亚航空（Asiana）中对飞机行为的错误解读。

上述所有案例都有一个共同点：它们是“新”型事故；也就是说，与机械故障、维修或操作失误有关的事故不断发生，但有一种由混乱和无效导致的新事故类型。

效率的定义是输入和输出之间的区别。如果微小的输入可导致巨大的结果，则是一个有效率的系统，因此，这个系统也会大规模地发生故障。

必须指出的是，在 AA965 航班、AC143 航班（Gimli 滑翔机）和秘鲁航空案例中的飞机是上一代的飞机（波音 757/767）。因此，引起混乱的技术并不是一个新现象，但这不仅没有得到解决，反而不断继续发展。

这种新型事故中最严重的事件就是前文提到的 AF447 航班，飞行员没有收到飞行控制系统的动态信息，其中一名飞行员无法从自己的控制系统中看到另一名飞行员的操作，当情况恶化时，飞机一直没发出失速告警，而当系统被纠正时，系统又告知飞行员拉起飞机（这样的行为是错误的），所有这些都来自一个失效的传感器。在混乱的环境中，两台发动机运行正常，但无法制止飞机坠毁。

随后的调查认为缺乏培训是导致事故的主要因素，从某些方面来说，结论虽然逻辑无误，但未必合理。

由于管理模型中缺乏结构性的培训，因此，缺乏培训并不能作为该事件的解释。从 1911 年就开始使用这种管理模型，但在这种模式下，复杂的活动由普通人员完成，而不是优秀的、训练有素的人员。

这就是结论虽然无误，但却不一定合理的原因在于：缺乏培训并不是偶然事件，而是系统的一部分，而该系统的改进正是基于这样的基础之上。

常见任务的复杂性日益减少，它嵌入到技术和组织中。新任务的关键部分是界面；也就是说，系统必须看起来尽可能地令人满意和易于操作，但它却隐藏了过程的复杂性。

此外，信息技术中将这种情况描述为对用户“透明”。换句话说，透明意味着事情非常清晰，人们可以看穿它。在信息技术领域，“透明”只是告诉用户——“管好自己事情”的一种礼貌方式。

在这种模式下，用户只需要关注管理设计良好的界面，而不必担心界面内部的内容。换句话说，用户应仅限于了解“窗口知识”——普通用户知道计算机如何工作的隐喻。

人们可以批评这种情况，但它无处不在，而不仅仅是在航空领域。这种做法应该处处都受到批评吗？在航空领域，是否有充分的理由对其进行批评呢？

也许，从社会的角度来看，如果将人视为可消费的资产，就会受到批判，因为这种做法使任何任务都失去了意义，进而失去了动力：它将理性的人转换成机器人，其行为和自动装置一样，缺乏活力且过于机械化。

然而，航空领域有充分的理由超越这一点。航空领域有一个特殊现象：指挥链实际上已经中断，任何严重的事件都没有“暂停”键可用，必须利用机上现有的资源在第一时间内解决。

这意味着自泰勒时代的设计师和执行者之间的旧式划分已不再适用。可接受性再次成为关键词。测试这一说法的可接受性如下：

航空业非常安全。这意味着，在事故中丧生的概率远远低于中大奖的概率。然而，还有一种不可能发生的情况是，在没有重大技术故障的情况下，飞行员对飞机坠毁感到非常困惑。

这段话试图抓住某种本质，但却不会将有效的信息传递给用户。

除了统计之外，许多人可能不会接受“混乱才是灾难的起源”这样的说法。正如菲施霍夫（Fischhoff）等（1983 年）所说：

“无论形式多么数学化，可接受风险的方法都和人相关；作为一种辅助决策的方法，必须对专家、外行人和决策者的知识做出假设。如果没有接受这些假设或出现错误，就可能导致错误的决策，并产生不好的政治影响。”

具体来讲，上述这段话体现了灾难阈值的概念。这就是为什么由悉尼·德克尔（2017 年）提出的“坏苹果理论”（bad apple theory）经常被用来解释重大事件。称之为“不佳的设计”是不恰当的，尤其当它指的不是飞机的物理特征，而是指由旧式泰勒模型激发的社会性设计。

与“彗星”号事故那样不可预见的技术灾难相比，一个旨在使用廉价和易替换人员的设计灾难可能更容易接受。也就是说，由泰勒的大规模生产原则引发的事故：第一种情况是不可预见的，第二种是假定的风险，而公众的反应也将极为不同。

正如前文所述，操作员可以在“廉价的飞行执照”和“优秀的飞行员”之间做出选择，但当事情变得困难时，任何人都不应期望在这两种情况下出现相同的结果。能力和程序知识并不同义；前者在时间和金钱上成本更高，此外，需要在用人方面谨慎对待。

操作程序培训是一种通常有效的捷径，但如果发生意外，不要期待有合适的响应。组织模式的演变，不仅限制通过经验所获得的能力，还限制了在异常条件下做出正确评估和正确干预的能力。

例如，“透明”一词的原始意义，并不是在 IT 环境中经常被使用的意思——原来由程序、人员和技术组成的组织系统已经变得越来越不透明。因此，从远离“真实事物”的程序和技术过滤后的直接经验中获取知识，还不足以达到拉斯穆森所说的知识水平——即“知道为什么”。

因此，尽管将能力降级为程序性知识总是一种最容易采取的方法，但当重大事件发生时，声称“缺乏培训”已经是一种过时的做法。

缺乏培训已经变成了结构性的问题，就像结构工程的关键部分一样，而不是一个需要修补的系统漏洞，这使得未经培训的人员出现在错误的时间和错误的地点。

因此，如果要面对无法接受的损失，无论统计记录如何描述安全性，下一个问题应该是：什么是正确的培训？

6.3 什么是新的培训?

如果认为“缺乏培训”是根本原因，这就属于组织问题：

为什么一个没有接受过正确训练的人会出现在错误的地方？

所以，这不是个人的问题，而是组织的问题，但是是哪个组织的问题？是雇用缺乏训练员工的公司，还是规定培训内容的监管机构?

答案很可能是雇主，因为监管机构已经远离了责任方的角色：监管机构针对培训方面只规定了一般性知识，有时非常具体，但同时还会添加一些最终条款。对于监管机构来说，这些最终条款是“监管者的防火措施”，因为这些条款会将责任直接指向雇主。

例如，在《欧洲航空安全局 CS 25 修正案 22：大型飞机认证规范和可接受的合规手段》中，在不同的情况下，可控性一词出现了 1126 次。因此，如果在满足这些条件的情况下，失去了对飞机的控制，就被视为“缺乏培训”。

同样，这只是部分正确。例如，如果一架飞机被设计成不可能失速，而监管机构从制造商处购买了这样的飞机，飞行员将不会接受处理失速的培训。结果在天气异常时发生失速，而飞行员没有足够的培训知识来处理失速。

除了这个问题之外，还存在更多的问题：没有人能保证在一个复杂而紧密耦合的组织中能提供正确的培训（正如查尔斯·佩罗所言）。

意外的潜在数量和类型纷繁复杂，足以让预见一切成为不可能的任务。因此，最常见的行为是在培训项目中加入“补丁”，作为对“缺乏培训”的意外事件的响应。通常，要求制造商将系统故障的应急资源纳入设计之中，不过在自动化程度较高的飞机上使用应急资源难度越来越大。

使用应急资源存在两方面的问题：首先，要清楚地知道何时使用。其次，应急资源可以同公共资源共享一些系统或传感器。因此，如果这些共享资源的其中一个发生故障，那么应急资源将无法工作，从而使情况更加混乱。

（1）回到秘鲁航空 603 航班，当飞行员发现接收的信息不合理，他们试图使用最明显的“逃生门”——即忽略驾驶舱屏幕，而使用基本的仪器。

由于高级别的仪器和基础仪器设备都从相同的输入中获取信息，这个解决方案并不奏效，在这种情况下，问题不在于处理，而恰恰在于输入。一块胶带挡住了传感器（静压端口），造成速度和高度信息错误。

当飞行员试图使用另一种资源时，情况变得更加糟糕，而这种资源又与系统的故障部分共享输入：二次雷达。

在试图从空中交通管制处获得指引时，忽略了一个事实：空管可用的速度、航向和高度数据来自飞机，而飞机提供了错误的信息。因此，空管的数据根本不可靠。

（2）XL888T 案例表明，在某些情况下找到合适的应急资源非常困难。在“非试飞”飞行中被认为缺乏培训，在难以恢复的高度，飞行员尝试机动改出而受到指责。

也许这是正确的，但后来 AF447 显示，即使在巡航高度，混乱也会导致坠机：在 XL888T 中，当飞机开始急剧地非指令性爬升时，飞行员试图纠正，但是电传系统正在自行工作，其输入是两个冻结传感器的错误信息。

这项调查揭示了这类问题的解决方案：使用配平来控制飞机，就可以不依靠电传系统控制飞机。所以，机组人员似乎选择了错误的方式来解决这个问题。在飞行中更难找到正确的处理方法，但仍可将问题归咎于缺乏培训。

通常情况下，最常见的应急资源是手动飞行，这涉及不同的仪器、不同的系统、不同的输入。这种做法本身是可取的，但在通常情况下，飞机的设计让其表现得像魔术师——即在执行真实动作时，也在其他方面分散了注意力。

例如，飞机正常飞行收到异常的数据时，机组人员将其定义为异常数据，正如 QF32 航班发生的那样，系统指出飞机另一侧的 4 号发动机故障。

然而，如果错误的数据触发了自动行为，那么需要解决的问题就是错误的自动行为以及如何纠正它：自动行为分散了飞行员对原始问题的注意力，使问题更难评估和解决。

佩罗的紧耦合模型既适用于组织设计，也适用于物理设计。有故障的传感器可能触发一系列错误的告警或自动行为，或两者都有。所以，在很短时间内飞行员应该能够：

（1）识别信息可能是错误信息；

（2）认识到与信息最终正确的可能性相关的危险；

（3）找出导致错误信息的过程，以及可能受到影响的系统；

（4）否决由以信息为输入的自动流程。

在有限的时间范围内，这似乎太多了。制造商所使用的并被监管机构接受的解决方案是最多使用三个并行系统。在这种方式下，有偏差的系统因被认为有缺陷而忽略，这种做法出现在电影《少数派报告》之中。

遗憾的是，就像电影一样，有些情况下会出现正确却不一致的系统，正如XL888T航班案例所示。

如前所述，如何雇用人员和如何组织培训可以追溯到1911年：具备充足知识的普通人进行常规操作。由于组织特点，这种模式并不适用于航空业，严重的问题必须当场立即解决。所以，在进入讨论之前，首先分析一下良好模型的特征。

在丹尼尔－丹尼特（2008年）的工作中可以找到对良好模型的描述。他将组织模型划分为情报机构和突击队两种极端类型。

情报机构遵循“需要知道”原则，奇怪的是，一个主要的航空制造商使用这一概念来定义培训要求——并认为每人都只需收到任务所需的信息。

由于他们试图避免重大信息泄露，这一原则有助于保持对信息流的控制。从另一个角度看，行业内主要公司也怕自己的秘密被竞争对手发现，并给出破碎的观点或隐喻的方法——即所谓的“窗口知识”，可能会有所帮助，但其副作用已出现在不同的事件中。

与情报机构相反的模式是突击队模式。用丹尼特的话说，突击队意味着“让每个员工尽可能多地了解整个项目，当出现意外障碍时，团队就有机会适当地即兴发挥”。突击队经常被派往执行难度较大的任务，预计会发生意外和伤亡。

这意味着特殊人才的招聘过程将有所不同。他们或是体能出众，或是熟悉某些领域，或者两者兼备。此外，必须有部分技能重叠，以确保失去一名人员时不会导致目标无法实现。

与情报机构不同，突击队的问题不是潜在的信息泄露，而是潜在的任务失败。这就是突击队拥有备份资源的原因，不管发生什么意外，都要保证完成任务的可行性。

哪种模式更好？突击队模式意味着成本高昂的招聘过程，寻找拥有不寻常技能的人才、昂贵的培训，以及寻找备份资源和较多的知识储备。

当然，最昂贵的部分是预期的短缺。如果招聘旨在寻找特殊人才，但从定义上来说特殊人才总是稀缺。这可承受的吗？

另一方面，情报机构模型更便宜，信息泄露的风险也更低，但如果发生意外情况，就不要期待能够得到适当的处理。

这个框架适用于航空业吗？如果适用，存在什么问题？有些具体任务仍然需要突击队的模式，如飞行测试和一些与军事有关的活动，但是，主要活动将选择情报机构模式。那么，如果发生了意外怎么办？

答案很简单：技术，尤其是信息技术。现在，存储和处理信息的能力如此之强，口袋里不起眼的手机的处理能力都超过了几年前生产的计算机，更不用说像阿波罗 11 号上使用的计算机了。

显然，应该事先对意外情况有所防备。即便如此，事情并非那么简单。

- 所有领域都对效率提出了越来越高的要求：更多的飞机在更小的空域内飞行，许多任务已经实现了自动化，可以由更少的人来执行，或者完全取消人的参与。

- 训练时间通过共同性和自动化而缩短；拥挤的通信渠道被转化为数据链以增加带宽；燃油效率高但不稳定的飞机通过自动驾驶飞行，这使得飞机适合不特别熟练的飞行员操作，且能在能见度较低的情况下自动着陆。

这导致了内部的复杂性和潜在的“滚雪球”事件，否则这些事件很容易被忽视或管理。如果一个结冰的传感器，一块胶带或以错误方式移动开关会导致一个重大事故，那么整个系统的设计就有问题。

令人惊讶的是，识别问题并不难：与国际象棋、围棋或其他领域不同的是，计算机可以在封闭的环境中表现出色，但在航空领域意外情况不能排除。然而，该系统的设计显示出管理意外情况的能力非常有限。同时，一旦情况超出了系统的控制，也就意味着保持人为有效性的失败。

这不仅仅是培训的问题，还要遵循突击队的原则。这能让人们了解情况，使系统易于理解，并确保有早期预警，充分了解事件的顺序。

随着时间的推移，航空安全有所改善，但如果研究新的事故——从最近的事故，几年前事故的角度比较来看——就会得出一个令人不安的结论：

对可预测事件的管理比之前任何时候都更好，因此，与之相关的事故减少了。与此同时，系统并没有做好处理新的不可预见事件的准备，特别是许多事故不是来自外部，而是来自系统本身。

由于可以预测更多潜在的事故，安全性有所提高，但仍存在一种权衡：在已知的事情上做得更好，在未知的事情上做得更差。这可以接受吗？

从统计学的角度来看，答案是一个数字问题：如果能阻止的已知态势造成的事故数量比未知态势造成的事故更多，那么是值得的。

从社会和组织角度看，答案并不明确：人们不能接受这种情况——飞机可以飞行，但错误的信息和错误的自动化过程会导致坠机，而飞行员却无力避免。

对于首起使用自动驾驶汽车的致命事故，特斯拉不当的回答显示了两种观点之间的差异，告知亲属其亲人已经死亡，但统计报告显示人工驾驶的死亡率高于自动驾驶，这样的解释不能让人信服。

用统计概率来解释已发生的事故，试图证明“由于汽车不能正常连接卫星而造成人员死亡”，这样的解释毫无说服力。尽管“灾难阈值”对于人们的可接受性非常关键，但上述方法显然已经背离了这一概念。

也许有一种方法可以摆脱这种困境，将在第 7 章中讨论。

第 7 章　改善航空安全的未来

导读：本章主要讨论了未来改善航空安全应考虑人为因素，充分发挥人的价值，在技术、程序、培训和管理等方面提高效率。在需要快速和正确答案的环境中，智能系统设计应当产出可以让操作员理解的软件，而这需要系统设计员和操作员的努力。在开放环境、高风险活动和时间有限的操作中需要人，因此在系统设计和操作时考虑“人在回路”的设计，而不是把乘客的生命托付给那些能够执行预定任务，但在意外时会受阻或发生异常的系统。高效的组织和增加培训可以提高效率。

优化一旦完成情况分析，显而易见的问题是“下一步怎么办？”从技术角度来看，同样明显的答案是“继续前进”；也就是说，应该利用信息技术，减少对相关人员的培训以及减少培训人员的数量。同时，在各方面提高效率。

这方面的最新尝试是瑞安航空首席执行官迈克尔·奥莱利提出的单人驾驶飞行建议，但最近美国联邦航空局和波音公司也提出了这一建议。因此，在长期压低副驾驶价值之后，市场似乎正在为下一步做准备。

当然，单人驾驶时，飞机所需系统比任何现有的飞机系统更为复杂。有人还在谈论人工智能（AI）和机器学习在系统中的应用。

AlphaZero 项目已经成为机器学习的里程碑。AlphaZero 是为学习而设计的，在掌握国际象棋的规则后，该系统自动运行了 4h，与自己对弈并尝试各种选项。

其学习成果足以击败当时最先进的国际象棋引擎 Stockfish，由于它具备了人类提供的特定知识，人们认为它的能力类似人类。

试图否认人类和技术所起的人作用都不应该忽视上述事件。然而，必须记住国际象棋、围棋或任何其他复杂的游戏都有固定的规则，其组合的数量几乎是无限的，远远超出人类个体的能力。因此，这是一个适合应用先进信息技术的完美环境。

如果环境导致规则无法使用或规则随时改变，该怎么办？无须多想，因为有人已有所考虑。艾萨克·阿西莫夫（1951 年）在他的《机器人三定律》中似乎保证了人类的安全。

（1）机器人不得伤害人类，也不得坐视人类受到伤害。

（2）机器人必须服从人类命令，除非这种命令与第一定律相冲突。

（3）机器人在不违反第一或第二定律的情况下，要尽可能地保护自己的存在。

即使是像罗德尼·布鲁克斯（Rodney Brooks）（2003 年）这样对人工智能深信不疑的专家也承认，当下的问题是没有足够智能的机器人来遵守这些规则。无论如何，让我们忽略这个限制，假设这是可能的。

尽管这些规则是牢不可破的，但阿西莫夫的许多书籍都是关于这些规则不足以保护人类的情况。

在阿西莫夫的小说中，假定机器人比人类更快、更聪明，而且除了与三个基本定律有关的程序外，没有任何缺陷。

从科幻小说的角度来看，算法必须完美，没有任何软件错误，但在现实生活中，算法中的小故障不仅与规则相关，而且还具有普遍性。阿西莫夫在《阿撒兹勒》一书中介绍了软件漏洞的概念，在书中，一个不了解环境的恶魔，热衷于取悦主人，却忽略了一些关键细节。

这是现实生活中一个常见的问题来源。除了设计中的重要原则之外，在数百万行程序行中的小错误也会导致意外情况。

英特尔公司奔腾处理器是一个典型的案例，当时绝大多数电脑都采用了该型处理器，很多人认为这与航空业的严格安全控制相去甚远。

因此，安装了英特尔 80486 处理器的波音 777 飞机依然出厂，而安装的恰恰是前一代有缺陷的奔腾处理器。

设计者和监管者总是试图在系统中保持一个安全出口（尽管它并不总是有效的），而这个安全出口是基于有意或无意的冗余设计，允许用户在降级模式下管理系统。从人为因素的角度来看，属于无意的冗余设计的可能性更大。

当自动化和显示屏开始出现在飞机上时，仍强制使用基本仪表，原因如下：

虽然一切正常，但我们并不完全信任新系统。如果失败了，必须能够回到以前的阶段，用旧方法解决问题。

一位经验丰富的旧式飞行员以风趣的口吻重新表述这一原则：“给我一架你想要的自动化飞机，只要它有一个大大的黄色按钮，就能把它转换成 DC-9。”

然而，在某些情况下，这些还不够。

（1）Gimli 滑翔机。一架飞机耗尽了燃油，试图在短跑道上降落。飞行员必须在不加速的情况下降低高度，采用老式做法——侧滑，可解决此问题，但在商业航空中并不常见。

除了基本规则外，最终的 AlphaZero 程序会学习这个选项吗？在机器学习过程中，它是否会试错？系统是否会在明知性能数据不佳的情况下尝试着陆？

（2）QF32：发动机的非包容性失效切断了数据线等线路。飞行员在断定他们收到错误信息后，决定忽略来自飞机的数据，试图利用自己的资源建立有效信息。

什么样的资源？例如，如果飞行员不相信失速信息，飞机可能会进入接近失速的状态，会出现怎样的问题。同样，系统是否能够克服数据损坏并尝试调用其他资源？

（3）XL888T：由三个系统进行的“投票”使他们忽略了提供不一致信息的那个系统。

遗憾的是，不一致的系统是正确的，而自动的系统是按照其他两个系统的指令而进行。一个先进的系统是否能够检查到这一点？

可以将这些和其他一些情况作为系统基本规则的一部分来培训。此外，还可以测试机器学习是否在无监督的过程中学习到了这一点。

然而，真正的问题是，在一个开放的环境中，只有在意外情况发生后才有可能将其包括在内，因为在此之前，没有人能够预见到这种情况。换句话说，只有当它们不再是意外时，才能对它们进行管理，他们的唯一选择是跳出固有框架思考。

“认为人工智能更优”的人认为，在无监督的学习过程中，可以预见许多情况。这可能是对的，但它可能导致另一个更为严重的危险。

可同步开发不真实的场景和真实的场景，但没有明确的标准来区分它们，甚至在事件暴露之前检测它们的存在。在决策时，系统不会像人类那样有外部标准来决断。如果一个为形状识别而设计的系统会混淆直升机和步枪，那么很明显，它可以根据这种感知做出不切实际的反应。所以，不现实的潜在场景会引入干扰因素，导致不佳的结果。

一旦发生这种情况，可以引入标准来确定异常数据是否来自于故障传感器（AF447 或 XL888T 航班），或者在飞行控制不可用时寻找替代方案（U232 航班），但当基本规则不能保证学习过程会得出正确的解决方案时，仍会出现新的情况。

这是无监督学习通常被忽视的危险之一。一个学习系统处理的信息可能会比个人一生处理的信息还多。没有人能以与联网系统的速度处理同样数量的信息。人类的优势在于能从比计算机少得多的数据中得出结论，并且有唯一的信息来源——即来自自身知识和所有特定传感器的信息。

显然，有两种非常不同的工作模式：节俭的模式（人类）和密集数据模式（非监督学习系统）。在这两种情况下，数据输入的质量都备受关注，也就是说，要确保所需数据的存在，并且没有可能误导流程的数据。人类拥有可以作为过滤器的背景知识，而系统只能“投票”，也就是说，系统会认为出现频率较高的信息是正确信息。

即使没有错误信息的出现（这在互联网等来源中很常见），矛盾的信息也会来自不同的角度。虽然没有错误，但对同一事实的不同解释会导致矛盾，并且系统很难管理这些矛盾。

人类也受制于这些矛盾，但除了使用会让人困惑的民意调查之外，还有一种能够管理矛盾的方法。

一旦人们选择了问题的方向，就具备了评判输入数据有效性的指引。排除与其不符的数据，而无须要把这些被排除的数据作为需要管理的矛盾。只是简单地忽略，而没有浪费处理资源。由于这些输入数据有误，或来自与特定情况不相关的路径，这些输入数据可以忽略。

有时，数据可能来自不同的方面，但它们可以解决特定的问题，这被称为发人深思的谬误——尽管知道这些数据不适用于处理正常问题，但仍另有他用。这些数据被“隔离”而置，对解决不需全局视角的特定问题很有帮助。

换句话说，人们有能力处理相互矛盾的数据。首先，选择一个方向；其次，排除或接受矛盾的数据，并将其隔离。对人而言，这并不是问题，但对一个试图以无监督方式学习的系统而言，可能极其困难。

如果事先过滤数据源，仍然不能保证得到所需的知识；如果不过滤，对矛盾数据的处理（由于数据错误或观点不同），也不能保证系统不会得出有误的结论。或者更糟的是，通过对操作员的错误评估，或者通过错误的直接行为而体现。

前述作为人工智能或机器学习的潜在测试并不是为了否定这些工具的潜力，只是对其在高风险环境中使用提出了严重警告。

的确，如果过去就存在大数据，那么使用大数据可在很短时间内确定过去的某些情况。对霍乱或艾滋病等疾病的本质认识是基于大量的数据处理，并从中得出结论。

当下，系统在有限的时间内的行为可能会对既定规则构成挑战。那么，对系统又有什么样的期待呢？人类的特征之一是能够改变关注点，在意想不到的地方寻找相关信息。新系统能做到这一点吗？

信息技术的捍卫者有两种不同的观点：

（1）统计数据：统计报告称，先进的自动化可能比人更安全。自动化可能发生故障，但事故应少于人类操作。这种方法与特斯拉自动驾驶汽车导致的致命事故有关，可以在其声明中找到。

特斯拉拒绝就加州车祸发表评论，也拒绝让马斯克先生或其他高管接受采访。该公司在当时关于车祸的博客中承认，自动驾驶“不能防止所有事故”，但表示该系统“大大降低了事故发生的可能性”，并“使世界更加安全”。

（2）人类操作员的知识：可以批评算法，但知道在不可预见的情况下，人类的知识是否足以管理这类事件。

也许可以达到这样的境界，即自动化后导致的事故比人工操作少。即使如此，还需要管理不属于统计范围的可接受性问题。仅仅基于常规操作设计的资源来管理事件和缺少最终保障措施的情况，用户均不会接受。

回到问题的根源，图灵关于智能机器的观点以及后续的讨论似乎与此有关。

对图灵来说，如果一台机器能够误导与它互动的人，使这个人认为他 / 她是与人类而不是机器互动，那么这台机器就是智能的。

约翰·塞尔（John Searle）用所谓的“中国房间实验”作为回答：两个人用中文书写的卡片对话。其中一人是中国人，正在寻找正确的卡片来回答。另一个不会说中文，但有一个清单，表明在互动中使用哪张牌是正确的。互动结束时，讲中文的人认为对方也是讲中文的人。希尔勒问，这是否能让不会讲中文的人成为讲中文的人。答案很清楚：不能。

图灵的最初想法和塞尔的回应已经被重新讨论了两次，并增加了一些适用于目前情况的内容：

（3）麻省理工学院计算机科学和人工智能实验室前主任罗德尼·布鲁克斯（Rodney Brooks）认为，即使这个人不懂中文，但整体系统却懂中文。这句话很能说明问题，因为它清楚地揭示了两个非同义词的术语混淆：理解和操作。

机器可以操作，如果传感器、制动器和算法设计得当，它可以驱动人类理解操作系统，满足图灵智能机器的条件。

总之，事情并没有就此结束。不能接受把理解和操作这两个概念作为同义词来处理，并没有回答前面的问题。如果仅仅操作就够完成任务，是否需要理解？

杰夫·霍金斯关于图灵－塞尔之争的观点有助于回答这个问题。对霍金斯来说，真正的差异来自于“下一步是什么”？如果有可能预见下一个场景，那么可以说某人/某物（人类或机器）理解了这种情况，无论上述“中国房间试验”还是其他情况。

用霍金斯的话说，“理解不能用外部行为来衡量，相反，它是大脑如何记忆并利用其记忆进行预测的内部指标。”

然而，这仍存在矛盾。如果通过理解可以预见接下来会发生什么，那么理解就不能降级为一种内部状态或内部度量。理解的根源在于外部世界，而任何预测都与外部世界的互动相关。它不只是一种内部状态。

这让人想起恩德斯利（Endsley）定义的情境感知概念，即深度理解可以被看作是第三个态势感知层次的特征（见图7–1）。

有大量选项的封闭环境（如国际象棋或围棋）可以通过了解和练习规则来操作，而开放的环境（新事件会挑战常用规则），需要有很高的态势感知水平。

此外，一些新事件正是来自故障，一旦运营商承认这些故障，就有一些“隐藏的后门”需要管理。换句话说，运营商经常通过入侵系统来管理这些已知的故障，使其按预期工作。

当然，简单的自动化无法达到这一水平：由故障传感器触发的自动程序（AF447和XL888T航班）或自动驾驶仪失压后导致的乘客死亡证实了这一点。

如果没有真正认清所发生的事件，且将潜在性能降级为算法，无论是向机器（监督学习）提供算法，还是由机器自身构建（非监督学习），都可以发现许多机器学习无法解决的案例。

像QF32航班这样的案例，系统接受了受损的数据，或者BA38航班案例，飞行员打开襟翼作为唯一增加滑行距离的方法，这样的情况发生之后可以转化为算法，但发生之前则不能。

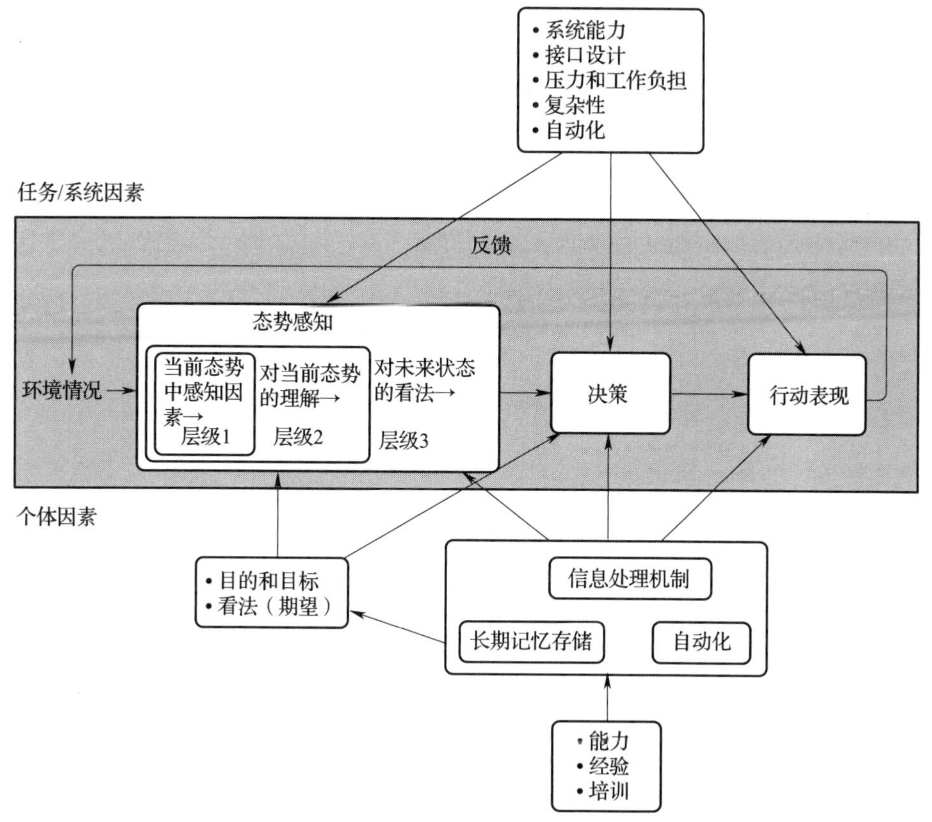

图 7-1　恩德斯利的态势感知模型

根据定义，不可预见的情况不包括在培训计划中，直到有事件表明它们本应被预见。

在这种情况下，唯一可用的资源恰恰是高度的态势感知能力，这又把问题抛回了人类。

这不是一个低估机器学习及其潜力的问题。AlphaZero 案例显示了机器在封闭环境中的惊人潜力。在开放环境中是否也会有类似的结果？学习过程会不会导致无用和潜在的混乱选项呢？

人们对开放环境中工作的经验有所了解。在没有明确的程序管理的情况下，人们就会回归事情本质，或者试图使用有效的类比。

在这一点上，二战期间阿兰・图灵曾主导了破译恩尼格玛机器的过程，但即使是基于最先进的人工智能系统，这也很难复制。

简而言之，恩尼格玛密码机有无数可能的组合，解密几乎不可能。图灵将这些选项减少到那个时代的计算机可以处理的数量。为此，他引入了两个因素：

（1）在某些情况下，至少可以知道部分信息内容。

（2）原始信息用德语书写。

图灵引入了来自于外部知识的新元素。当然，解决方案的绝妙之处并不是背景知识，在同一环境中的任何人都可以分享背景知识。绝妙之处是决定哪一部分的背景知识可用，以及如何使用。

回到机器学习，机器能否获得不相关的知识是值得怀疑的。即使机器可访问世界最大的数据存储库（互联网），它是否会交叉引用所谓的不相关信息（例如，他们讲德语）或做出诸如“如果潜艇靠近护航船队，无线电信息可能会指明位置”之类的推断仍令人怀疑。了解这些将有助于解码其他信息。”

在某些方面，图灵所做的工作是对人机差异的真正测试，比其关于智能机器的想法更有价值。

管理中的很多工作是删除无效选项，要做到这一点，必须增加外部知识来了解情况，并在理解后进行管理。有些无法在某一层面处理的数据，却在其他层面更易处理。

从不同的角度和距离看待问题，引入不同领域的内容和类比，这对于目前的信息技术水平来说还遥不可及，但这是一种常用的方法。在图灵的案例中，从不同的角度看问题非常常见，即试图将自己置于德国潜艇舰长的位置：“在这个位置需要传输什么样的信息？”“还有我将使用什么语言？”

当然，许多人工任务不需要使用这种方法。在封闭的环境中，规则是永久性的，即使有无限选择，也会进行权衡，以确保快速和完美的结果。

在开放的环境中，可能会出现对现有知识构成挑战的新情况，而且可能会产生很大的影响，因此，设计应确保对新元素的引入。

对许多人来说，改变关注点和角度来分析态势的能力与意识有关。人工智能支持者认为意识无用，而其反方，罗杰·彭罗斯（Roger Penrose）等科学家则认为意识是计算机无法企及的东西，具有重大价值。

在某些方面，意识就像爵士乐队的领队；也就是说，由于存储的数据和不完整的信息之间的矛盾，领队决定由谁进行下一次独奏，其余成员必须如何配合以避免出现不和谐。

人工智能可能更像管弦乐队的指挥，拥有一个完整的管弦乐队，每个乐队成员都有乐谱，并以正确的速度和音量演奏，但整个乐章已经写好，不会有任何惊喜。

每个选项都有特定的优势，但从可接受性的角度来看，有多少人认为乘坐由算法（算法比人类飞行员更精确）控制的飞机更为舒适呢？人们并不知道飞机由算法控制，甚至不知道飞行是什么，也不关心自己在这种情况下的生存率。

尽管在公共关系方面做出了很多努力，但可接受性永远都是问题。任何系统的错误导致的重大事件都可能严重地影响可接受性。

卢曼指出了“风险”和“危险”这两个概念的不同之处。当它们与最常用的定义不一致时，无论接受与否，都包含了一些重要的内容：

两种可能性。潜在的损失要么被视为决策的后果，即决策不当导致损失。这就是决策的风险。或者，认为损失是由外部造成的，即由环境造成了损失。这种情况属于危险。

这并不是危险的常见定义。通常，危险是指任何有可能造成伤害的事物；而风险是指发生危险的可能性以及危险所产生的影响。尽管这个定义不常见，但根据卢曼的定义，人们会以一种宿命论的方式接受危险，但同时，如果某个决策导致了严重的负面事件，而该决策又有统计数据和技术的支持，但却没有任何其他考虑，人们就无法接受。

这就是系统中损失的维度。人们可以接受不可预见的伤害，但同样，人们可以根据低概率的计算，拒绝接受可预见的伤害。

因此，“人在回路”的设计非常必要，乘客的生命不能托付给那些能够执行预定任务，但在不可预见的情况下会受阻或失灵的系统。公众难以接受通过统计数据告知不可预见的情况非常罕见，尤其是在人类易于掌控的情况下出现的罕见行为。

然而，这存在一个问题。为了从人和系统中都获得最佳效果，应该遵守哪些规则？

7.1 “PISS”规则：生产易于理解的软件

一个小小的思维试验可以证明上述观点：图书管理员。

图书馆里面有很多卡片，由一名图书管理员按书名、作者或主题排序，处理这些卡片。突然，有人提出拿走卡片，用数据库取而代之。

于是，安排程序员去构建数据库，很快，程序员形成了简单的链接表，最常见的查询都显示在屏幕上的表格中。

到目前为止，一切顺利，但突然系统崩溃。旧系统已经消失，在数据库恢复之前，图书馆员无法工作。如果未来出现类似的事件，该如何解决？

至少有以下三种不同的解决方案：

（1）假设这不是生死攸关的问题，在图书管理员的支持下，甚至可以通过自助服务保存数据库，用户可以自行寻找书籍。

（2）冗余备份：保留旧系统和数据库。这意味着一些重复工作，但为了新系统的有效运行，必须维护旧系统。

（3）重新设计：基于这样的设计，如果发生故障，图书管理员有系统之外的资源。即使降级模式意味着花费更多的时间或某些功能的丧失，但这些资源应该足以执行基本任务。

在本例中，成本的上涨很难补偿所增加的功能，所以排除第二种选择。设计一个安全的系统是最佳的选择，除非系统本身无法使其实现。

假设在一些低风险环境中适用的第一种选择也被排除；即人们不接受在某些情况下，如果替代资源缺乏则系统无法工作。这将引入第三个选项，但是应该如何进行重新设计？

很可能这样的设计将远不如程序员设计的标准，理想情况下，最好由图书管理员来进行设计准备。如果要求图书管理员设计系统，他能通过键盘和屏幕来重现旧的卡片系统。

（1）优势：当出现问题时，图书管理员无法访问表单，但图书管理员可从表格中获得信息。直接查看表格而不是数据库，大部分内容仍可以进行管理，只是速度较慢。

（2）劣势：该解决方案的效率远远低于程序员设计的解决方案。

（3）结论：用效率换取可理解性是一个不错的办法，尤其是在像航空这样的高风险领域。

为了避免这些问题，人们进行了不同的尝试，特别是生态界面设计（EID）。应该注意的是，界面设计只是一种形式变化，但重新设计涉及的变化更多。

重新设计试图让用户了解抽象概念上的事情，即用户对功能设计的想法，而不仅仅是界面。当然，这意味着用户可以理解不同的层次。这是一个重大的变化，相比之下，从设计者的角度来看，最好的做法就是无条件服从。

如果将不同情况理解为界面的设计条件，那么剩下的问题只涉及软件。有人认为，在有明显时间限制的情况下，引入上述条件会影响软件的速度。

由于认证过程时间较长，成本较高，这导致制造商尽可能延长其产品寿命，因此出现了一些奇怪的情况。如波音 777，在出厂时仍然使用早已淘汰的 20 多年前的计算机处理器。

当然，制造商（英特尔公司）早就淘汰了这种处理器，只要飞机继续运营，波音公司必须保留这些老旧的处理器。设计者是否应该在软件设计中压缩空间，而同时又使用这种过时的硬件？

目前，手机的处理能力约为个人电脑的一半，而速度比近几年制造的电脑更快。在很多领域，投资于设计可理解的软件是一项明智的选择。

著名的管理大师彼得·德鲁克在自传中举了一个有趣的例子。在英国银行工作时，他设计了一套复杂的投资策略。他的老板让他把该策略展示给最不显眼的那个同事。德鲁克认为这是冒犯，但他的老板认为，任何不被那个同事理解的东西也不会被客户理解，因此，应该舍弃这个投资策略。

同样的原则也应适用于设计。复杂设计中的顶层概念应易理解，用户必须理解。许多其他活动不需要这个原则，所以它不是普遍的原则。

在许多领域，暂停过程或出现错误并不是大问题。因此，在寻找执行任务的最佳方法时，可以将任务分割。然而，如果风险更高，而且必须在问题发生时就找到解决方案，那么复杂设计的顶层应由可理解性来定义，而不是“窗口知识”。

硬件的发展使设计者能够投资于具有可理解性的软件，而不是通过界面来隐藏其真正的复杂性。因此，至少在面对需要快速响应的高风险活动中，“用户无须了解内部运行细节”的观念已不再适用。

当然，如果承认需要对系统有深入的了解，而“窗口知识”不够，也应仔细调整招聘和培训过程，以确保可理解性的上限不会低于预期。建立智能系统引发了一个问题：哪些人必须理解系统？在需要快速和正确答案的环境中，只有一个答案：操作员。因此，两方面都需要系统的设计和操作员的技能。

7.2　缺乏培训的问题

许多重大事故通常以缺乏培训作为借口，但这很难让人信服。为什么会选派培训不充分的人去执行任务？这是组织问题，而不是个人问题。

然而，这涉及更多内容。许多设计问题被伪装成“缺乏培训”，并将问题归因于个人，或许还归因于错误的组织。当一个事件在事后被归结为缺乏培训的时候，这种情况就会发生。

缺乏培训是一个合理的理由，当它在事件发生之前作为一种警告出现时，它与组织密切相关。一旦事件发生，将缺乏培训作为借口以图免责，不仅于事无补，还会导致基于“补丁”的培训设计。

与其说是寻找内部一致性，不如说以此为借口以加入“补丁”，从而避免此类事件的发生。这对下一个事件没有任何帮助，下一个事件可能再次被归结为缺乏培训，并继续添加“补丁”。

当然，让一个人过度胜任一项工作花费巨大，但有不同的方法来避免这种情况。如果一项任务可以被分割成多个小块，并且根据所需的技能，由不同的人执行不同的部分，这就是流水线生产模式。从效率的角度来看，这个过程很容易虽然合理，但也有一些不太明显的缺点。

这些缺点以两种不同但相关的方式出现：灵活性和安全性。局限于特定任务的知识，与不同系统相联，即序列或相关性，在整个过程中被忽视，使任务变更极为困难，更糟糕的是，这会导致操作员在不知情的情况下采取错误行动或不作为。

显然，按突击队模式设计的组织比有严格定义任务和相关培训的组织花费更高。但突击队模式可以应对更多的意外情况。

此外，许多重大事件的发生是因为有人不知道所采取行动的全部影响。

（1）美国航空公司 191 航班事故与从机翼上拆卸发动机的维护不当有关。没有人想到，一个位置不当的升降车会导致重大事故。

（2）西班牙航空 JK5022 航班事故是由于两块电路板拆除错误引起的。本打算停用的一块电路（与冰冻条件下的加热器有关），但却错误地断开了与告警相关的电路板。

（3）阿罗哈航空 243 航班爆炸性失压事故：检查机身螺栓的人员从未收到这项任务很重要的工作提醒。

（4）G-KMAM：维修小组混淆了襟翼和副翼的结构，进行了错误的调换。

当然，如果对要执行的任务和执行任务的地点有更多的了解，这些事故和许多其他事故是可以避免的。

同时，人们可以认为，真正的问题是合规性问题。这是事实，只要程序完备，并且在执行相关任务时处理了每一个可能的突发事件，那么事故的发生率会大大降低。

由于这种理想的情况与现实相差甚远，因此违规已经成为一种常态，这在理想世界里是不可想象的。同样的道理，恶意合规或按规则工作等概念也是理想的无稽之谈。

7.3　知识与行为

知识和行为是两个不同却紧密相关的概念，但为了提高效率，这两个概念之间的距离越来越远。

旧式培训强调知识的知识，之后，预期将这些知识转化为相应的行为。由于获取知识需要时间，因此还需考虑效率。以一定的质量完成一项任务所需的最小知识量是多少？

遗憾的是，这个问题并不像它看起来那么简单。理论上讲，一个详细的程序，无论是由人还是由机器执行，都可以用最少的知识来达到所需的效果，这也就是工业革命时期的旧办法，或者由弗雷德里克·泰勒（Frederick Taylor）提出的更精细的方法（1914 年）。

当突发事件出现时，情况会变得更加复杂，出现程序中没有包含的情况。之后，人或机器就会无法应对，唯一的方法就是借助知识。

下一个问题与无法由程序或算法管理的态势的频率、相关性和紧迫性有关。

一个可行的方法是将某个值定义为阈值，超过该阈值时，应由完全了解情况的人进行管理，如图 7–2 所示（横轴和纵轴分别表示频率和潜在影响），其数值按照斐波那契序列增长。

潜在影响

21	21	42	63	105	168	273
13	13	26	39	65	104	169
8	8	16	24	40	64	104
5	5	10	15	25	40	65
3	3	6	9	15	24	39
2	2	4	6	10	16	26
1	1	2	3	5	8	13
1	1	2	3	5	8	13

频率

图 7–2　用作风险标尺的斐波那契序列

通过风险评估定义图中的起始值。此后，新事件的出现会使该值增长。一旦超过阈值，就需要充分地了解和认识。

可以尝试不同的频率单位或不同的尺度，但这都是界定“如果 – 那么”方法，不足以应对由传感器、效应器和连接它们的固定算法所构成的情况。

从图中可见，预期影响较小的故障不会是大问题，除非其发生频率会干扰整个过程，或直接导致次级影响或与其他故障叠加导致次级影响。

如果故障结果严重，但有足够的时间来管理它，潜在的影响也会减少，这也将导致类似情况。

在这两种情况下，除非故障频繁发生，并干扰流程，否则可以采用降级处理。这也是允许飞机带着一些较小的技术问题飞行的原因，这同样适用于培训问题。

这可能是进行风险评估并决定可接受性的一种常见做法。然而，在有些情况下，不能容忍缺乏知识，这可能造成严重的后果，而且没有时间及时管理，也就是说，可能造成很严重的影响。

航空业的特性决定了不可能在很短时间去寻找更了解知识的人，所以机上的飞行员必须有所需的知识和决策权。

这并不意味着重新回到这样的情况：飞机可执行的精度远超过人类技能的任务。例如，将飞行高度保持在缩小垂直间隔（RVSM）空间或执行 CAT Ⅲ着陆等任务需要自动系统的全面支持。

然而，系统（或飞行员）可能被传感器故障或其内部过程所误导。

1973 年，发生在新墨西哥州阿尔伯克基的国家航空公司 27 航班事故表明，飞行员和飞行工程师对自动驾驶仪的工作原理的了解只限于最低操作水平，当然，这并非个例。前文中已经提到了许多其他案例，其中错误的信息或错误的自动程序导致了重大事故：

这些事件表明，在高风险活动中，尤其是在没有“暂停”选项，但又会在短时间内出现严重后果的环境下，业务知识（或这里所说的“窗口知识”），并不能解决问题。

解决办法是什么？用专家技术来解决常规技术带来的困扰？通过一个比喻可更好地解释这种解决方案及其效果：

在世界上最深矿井中，最深处无法通过电梯到达，因为钢丝绳的重量会使钢丝绳断裂。因此，安装更强、更重的钢丝绳并不是解决办法。

同样，如果期望任何解决方案都能提升效率，那么为了解决算法问题而设计的算法，也不会是有效的解决方案。

桑吉（Senge）给出了第一个解决路径。当一个系统接近容量极限时，正确的做法不是继续努力来突破极限，而是努力提高极限。进一步改进通常非常困难，但识别和消除限制更有成效。

很多人会否认，基于降级和增强信息的模式是失败模式，尽管在某些环境下，它运行良好。每种资源都有最佳的使用范围，如果试图在这个范围之外使用，会导致意想不到的后果。

一些设计者试图通过建立更复杂的算法来避免类似事故，这些算法不太可能被传感器故障所误导，并且将人工智能和机器学习作为设计的一部分。然而，在开始这种设计之前，需要考虑一个问题。

回报率如何？如果项目需要资金投入（很难想象项目不需要资金），那么该项目的卖点不仅只是安全改进，还需兼顾效率改进。否则，这个项目就会夭折。

许多案例已经证明了上述路径。更好的高度测量设备缩短了飞行之间的距离，更好的着陆保障设备使本要关闭的机场继续运行，更好的导航资源导致导航员的消失，更好的自动化导致飞行工程师的消失等。还有更多例子，但他们都有一个共同点——这是一种权衡。

除非发生重大的、令人震惊的事件需要立即改变（像 DC-10 的货舱门事故或像圣奥迪尔山事故中多模态仪器造成的混乱），否则，每项重大改进只有在表明既能提高安全水平又能提高效率时才会得到资助。效率的提高往往来自于减少人员和培训，因此，虽然与目前的趋势相反，但探讨培训问题仍很有必要。

最新进展表明，大型飞机（目前是货运飞机）将只配备一名飞行员，由更先进的自动化和信息系统支持，如果需要，还可进行地面控制。换句话说，科学的工作组织方式仍然存在，甚至在它不应该存在的地方。

用佩罗的术语来说，组织变得越来越紧密地耦合，因此，容易出现由忽视微小的意外而引起“滚雪球”效应。佩罗的紧耦合概念可以从不同的角度来理解。正确的理解方式如下：

在高效的组织中，错误的产生也是高效的。错误也会通过组织为高效运作形成的相同渠道来传播其影响。因此，寻求安全改进的效率的提升是减少所需管理问题的最佳方法。

7.4 人的价值和使用的条件

人的价值和其发挥作用的关键在于具体的人类特征，这些特征是否值得保留，以及保留的原因、保留的时间和保留的地点。

发展路径显然与其相悖。实际上，效率的提高往往是以牺牲人的利益为代价的。因此，至少在安全活动方面，应该质疑其正确性，如果不是，可替代的路径是什么。

如果必须定义人类在安全活动中的角色，那就是破坏者。不同情况会进入自我强化循环或产生“滚雪球”效应，这由人为干预打破。但是，仅仅靠人的参与，并不能保证其有效性。

正如埃德加·莫林所说：“机 – 机组合总是优于人 – 机组合。”因此，如果期望人像机器一样行事，就应明白不完善的机器会带来不便，同时，人类的优势就会丧失。

矛盾的是，把人放到更适合机器的环境中，并用其证明应该尽可能地减少人类的存在，人的作用应该由越来越复杂的系统来取代。

正确的选择是什么？至少，在像航空这样的活动，人为因素选择应该存在，也不应该被自动过程所阻碍。性能改进不应该成为不满足这一条件的借口。

杰夫·拉斯金（Jef Raskin）是第一台 Macintosh 的设计团队成员，他以手表和汽车收音机为例，清楚地解释了在不同物品的设计中应遵循的两条人为因素原则：

（1）可以纳入新的功能，但不会使现有的功能比之前更复杂。

（2）简洁的界面可以隐藏复杂的功能，反之亦然；更多的按钮并不意味着更复杂。

这两个原则是如此简单明了，但却很容易忽视。

总之，在许多领域，人为干预的附加值很低，而在其他领域，特别是在开放环境、高风险活动和时间有限的工作中，则需要人为干预。

第一种情况会减少人类参与，一些几年前常见的工作，不是工作数量骤减就是完全消失了。

第二种情况则更复杂：在某些情况下，将人作为紧急资源是合理的，预判要求远远超出了人的能力。然而，即使如此，也必须满足一些条件，比如信息内容，使用的时间、组织情况、任务情况、任务价值，以及人们是否是意识的推动者。

很有必要设计用户友好界面，并满足人为因素工程的要求，但这还不够，尤其在其作为有限的应急资源时。

为了确保应急资源在紧急情况下能够正常工作，它们必须在正常运行期间就存在。这样，就有机会阻止紧急情况的发生，并且获得紧急情况来源的线索。在正常运行时，应急资源的存在至关重要，只有这样，才可能阻止紧急情况的发生，并了解紧急情况发生的原因。

第 8 章　结　　论

导读： 本章对全书内容进行了总结。出于发展和提高效率的需要，航空业呈现出尽可能减少人为因素的趋势。然而，这与改善航空安全背道而驰。人工智能等信息技术发展给航空业带来了重大影响。为应对挑战，应充分考虑人为因素对航空业的影响，充分认识到人能够对环境提出质疑并提出创造性的解决方案。在系统设计中将人纳入系统回路，生产可供操作员理解的软件，并根据培训对象特点，采用各自所能理解的方式进行知识培训和引导。

前几章中的案例是长期以来减少人为因素的反映。然而，由于人为因素不仅影响航空业，人们会反问：是否存在真正的问题？问题具有普遍性还是只对航空业产生影响？

统计数据显示，通过从错误中学习，飞行事故数量明显下降，但改进也在下降，改进速度的下降是由于学习模型枯竭，以及人类的生理能力的极限。

如今，虽然每天都有数以千计的航班，但一起重大事故就会在统计数据中形成一个峰值。因此，尽管先进国家和发展中国家之间存在重大差异，但航空业仍是一个相当安全的行业。

此外，1998 年美国白宫预测，到 2015 年每周都会发生事故，这样的声明会令人不安。当然，总结过去比预测未来要容易，但美国白宫的发言似乎是不必要的危言耸听。这样的发言错在哪里？

尽管有前述的事例，但答案是肯定的。航空业与许多其他活动一样，有共同的发展模式，且会继续这样发展下去，但人们并没有牢记高风险活动的特征，特别是在航空业。

一个多世纪前，工业革命开启了一场延续至今的运动：将人的行为标准化，让人更容易被取代，尽可能减少培训，从普通人的身上获取最大价值。

这一原则似乎对需要少量资源的机械性活动有效。当然，一旦技术能够提供替代资源，人们就会优先使用它，即减少人的参与。虽然，民众对此有所批判，但从效率的角度来看，这是有效的。

因为二战期间需要快速培训飞行机组，这一原则被引入至航空业。数以千计的飞机（轰炸机、战斗机、运输机等）需要飞行，而用于寻找飞行员的时间很短。因此，效率的优先级升至最高，以用尽可能少的资源完成尽可能多的任务。

战后信息技术的发展带来了新的变化。一旦信息技术变得重要，工业革命的原则就被扩展至更多的专业中，这包括航空业中的高度专业化工作。

在这一过程中，产生了许多人为因素价值的论述。然而，这些论述隐藏了一些事实：在关注点从人转向系统 / 机器的同时，人的重要性也在发生变化。操作系统的人变得不那么重要，而设计系统的人变得更为关键。原因很明显，设计者的数量总是低于操作者的数量；因此，系统通过这种方式提高效率。

这是一直以来的发展路径。操作人员已经掌握了程序性的知识。环境日益复杂，这只是掌握深度知识和“傻瓜型”地遵守程序之间的权衡。受限于专业领域限制的深度知识是设计团队的特权。

人 – 机组合的权衡和设计与操作的权衡远非免费。事故的数量减少了，但事故背后的因素也发生了变化。技术可靠性的提高减少了技术错误。在某些情况下，技术可靠性的提高降低了冗余度（如 ETOPS），从统计数据上看，可靠性的提高也支持了这一观点。

同时，新的事故以混乱为主要特征。在当前的培训过程中，出现了各种难以预测的情况，故障传感器触发自动过程，使评估和控制都变得更困难（例如，XL888T、AF447 或 610 航班事故）。此外，没有标准的故障样式。不同的飞机可以共享相同的系统，这样就更不容易发现并纠正错误的参数。不同的制造商会生成不同的自动化模块（韩亚 214 航班），如果机组人员不熟悉自动化设计，就会导致混乱。

这种方式并不是全新的，20 世纪最后几十年就出现过类似的事故（如秘鲁航空 603 航班）。然而，从 21 世纪初开始，新型事故是商业航空重大事故的主要来源。

运营官应像消防员一样，在紧急情况下进行干预，但要做到这一点，应遵守保持流程的基本原则，而实际情况并非如此。

于是，在熟悉的情况下表现出色，但在不熟悉的情况或在紧急情况下表现却有所下滑。在这些情况下，混乱往往是主要的影响因素。

令人惊讶的是，对这些案例的学习是不完全的学习：如果人们主要是为了处理紧急情况，并且会屡次失败，而在紧急情况又不可能消除的情况下，系统应该设计成“傻瓜型”。这正是错误的学习教训。

“傻瓜型”设计通常是基于友好型界面设计，充满了如何工作的隐喻（“窗口知识”），以及由告警和自动程序组成的复杂结构，在某些情况下，甚至会否决主责人员的意见。

这增加了整个系统的复杂性。人们更容易困惑，并导致事故。因此，既然“傻瓜型”设计无效，那取消人类作用的趋势已经开始漫延。在人工智能或机器学习模型中，信息技术是协助主要航空公司完成这项任务的主力。

这是对现阶段技术发展的总结。数据显示，航空安全一直在缓慢地提升。因此，从技术角度来看，并没有什么可以担心的。

即便如此也必须指出，安全性的提升不仅是因为技术的进步。人类一直在发挥作用，以阻止那些本身可能导致事故的事件。消除或减少人的作用也将拆除这道防线，在这个过程中，安全性可能会受到影响，这表明航空正在朝着错误的方向发展。

常用的数据表明，技术可靠性不断提高的结果是，人为因素引起的故障在不断增加（按百分比计算），这被错误地解读为需要增加技术和减少人为因素。

不考虑设备或系统会因为设计不当或架构变化导致的人为错误，但人们总是解决所谓可靠的技术在可预见情况下所造成的突发情况。

然而，除了严重警告继续按照目前的路径可能会使安全性恶化之外，这种对人为因素以及其航空安全的态度忽视了两个方面：

（1）人们可以接受危险是生活的一部分，但人们会拒绝人为制造的危险，即用户不会像监管者或高级管理人员那样，接受风险分析。

正如前文提到的特斯拉事件（公司的声明和公众的反应）所显示的那样，尽管事故的受害者已经死亡，但对人工驾驶的死亡率较高这种解释并不奏效。此外，这种解释被认为是不近人情的。

（2）没有人可以控制信息风暴。公司的不当行为会以光速传播，这无法阻止或控制。在土耳其航空 981 航班空难事件之后的几年，麦道公司倒闭。但在互联网环境下，公司的破产只会更快。一个灾难性的“热门话题”会以比过去更快的速度传播，将涉及的企业挤出该行业。

因此，有充分的理由担心，这不仅与技术或统计信息的变化有关，这是公众对隐藏人为不确定性的最终反应。公众完全不知道一些已成为常规的决定。其他一些决定可能会效仿，如果真是如此，公众的排斥心理将更为严重。

“专家的绝对理性”会与普通人用作主要决策标准之一的“灾难阈值”发生冲突。在当今世界，这是一个严重的风险，但是通过正确吸收经验教训可以加以预防。

由于不考虑人体测量学和物理学以外的知识，错误的教训会认为人为因素并不能胜任，但作为一门学科，人为因素以避免错误为中心，因此，当事情变得困难时，也会影响做出合理选择的判断。

在某些方面，避免人为错误的最安全的方法是给操作者戴上“手铐”，但操作者将无法在需要的时候解决问题。“手铐”可以是物理性的，由于有人认为飞机的传感器更清楚飞机情况，就会通过程序让飞机不听从飞行员的命令；“手铐”也可以是认知性的，让操作者知道如何做，而不是知道为什么。大量案例表明这类事故通常被归结为人为错误，无论是缺乏培训还是其他种类，但事实是：人为错误是由技术方面的一个小故障引发的，其影响因不适当的设计而成倍增加。

此外，许多看似微不足道的人为干预可以阻止紧急情况或重大事件的发展进程，但是，这类进程通常由技术和程序不可预见的情况而产生。

QF32、US1549 和其他一些航班案例是已知的典型案例，但许多看似微小的人为干预被简单地忽略或被视为是常规工作。因此，关于人类实际贡献的数据是更偏向于技术。

关于人为错误的统计数据说明了部分真相，即当谈论人为错误导致了多少事故时，还应该考虑由于人为干预而避免的事件，而这部分是未知的、数据非常稀缺。即使报告系统包含未发生事故的数据库，但没有关于阻止未发生事故所采取行动的数据库，尽管这些行动打破了可能导致事件发生的进程。因此，执行者认为这只是常规操作。

在这个不看重人为因素的过程中，通常不考虑认知人类工程学，因此，当要求人们进行干预时，他们错过了最基本的事实，或者更糟的是，他们所拥有的事实具有误导性。

良好的界面和“傻瓜型”的程序很难替代功能性知识，这是因为只有操作人员知道系统不同部分之间的功能关系，从而进行评判和干预。

因此，下一步不是通过利用现有的资源来改进信息技术，也不是告诉别人即将出现的奇迹。这不是一个不断努力消除人为错误的问题，并将其作为消除人类参与的步骤。

创造一个对人类友好的环境，提供找到解决方案所需的要素，这才是真正的解决方案。必须再次指出，航空有其独特之处：

飞行的飞机是组织中孤立的部分。虽然高级管理人员和航空专家可以留在现场，但发生意外时，可用于快速解决问题的只有机上的人员。因此，机上人员应具有一定的管理和专业知识，以应对这些情况。

这就是在许多活动中以牺牲人员利益为代价而支持系统组织模式的原因，这在航空业中会受到批评。

在二战时，降低招聘、培训和飞机设计质量让普通人能够驾驶飞机是合理的。如今，其存在的唯一的理由是经济考量，也就是说，把大规模生产带到因其航空特殊性而不适合的环境之中。

如果航空业的主要参与者想要汲取教训，就需要改变路径。技术的设计必须使其功能和不同部分之间的关系清晰可见，即用户可以理解其功能。

同时，对避免错误的关注应转变为对发现异常情况的重视。这将改变所要执行的任务，应根据其作为态势感知使能因素来评估。因此，培训过程和招聘过程应考虑不同的技能和知识要求。

这种改变不会消除所有的事故，但至少可以消除那些由混乱导致的事故。事实上，无论是人、技术、程序还是组织模式的改变都不能完全杜绝所有事故。但在这种环境下，如果发生了新的事故，各级别的责任人都能尽力去避免。

这就是挑战。而承认挑战和面对挑战，取决于不同航空公司的管理层。